1992年3月8日　写真／RGG

1964年3月4日　写真／星　晃

0系（鴨宮モデル線時代）　C編成

国鉄

登場年 1964年
運用線区 東海道新幹線
最高運転速度 210km/h

新幹線の営業用車両は、1964年3月に登場した。この時点では、東京地区・大阪地区ともに線路は完成しておらず、最初に新製された6両編成は鴨宮モデル線に搬入された。

新幹線の形式名は車両製作の段階で決定していたが、鴨宮モデル線では書類上の分類として1000形に倣い、新大阪方から1011・1012・1013・1014・1015・1016号車とされた（車体に標記はなし）。また編成については「C編成」と区分された。

C編成は1等車（現在のグリーン車）1両、普通車4両、ビュフェ・普通車合造車1両の6両編成で構成されている。

外板塗色は1000形B編成で採用されていた、窓周りと肩部および裾部を青色とするパターンをベースにしているが、青色は青色20号、白色はクリーム10号となり、色調はB編成とは異なるものになっている。

C編成は鴨宮モデル線での試運転を行い、鴨宮モデル線管理区が廃止されたのちは、借宿トンネル内に仮留置された。

その後、東京からの線路がつながった1964年7月に東京運転所に回送され、すでに東京運転所に搬入されていた中間車6両を組み込んで、N1編成とされた。

1975年2月23日　写真／RGG

0系
0番代

国鉄　JR東海　JR西日本

登場年 1964年
運用線区 東海道・山陽新幹線
最高運転速度 220km/h

0系は1964年から1986年にかけて3216両が製造された。このうち、1976年までに製造された21次車までの2288両は、0番代として区分されている。

0番代では側窓が座席2列で1枚の「大窓」を採用していることが、最もわかりやすい外観の特徴だ。

1964年10月の新幹線開業では、12両編成30本の0系0番代が登場した。編成構成は「ひかり」「こだま」の区分はなく、すべてで統一されたものになっていた。編成記号は車両メーカーにより区分され、開業時点では日立（H）・汽車製造（K）・日本車輌（N）・川崎車輌（R）・近畿車輌（S）に区分された。

開業時点で製造された車両は先頭車2形式（21・22形）、普通車2形式（25・26形）、1等車（現在のグリーン車）2形式（15・16形）、普通車・ビュフェ合造車1形式（35形）の7形式だ。その後1974年には、博多開業用として食堂車1形式（36形）と食堂車関係の機器を持つ普通車1形式（27形）が加わった。

0系0番代は1000番代の登場以降順次置き換えが進められ、規模は縮小したが、2001年まで使用された。

1985年　写真／星　晃

0系
1000番代

国鉄　JR東海　JR西日本

登場年 1977年
運用線区 東海道・山陽新幹線
最高運転速度 220km/h

0系1000番代は1976年から1980年にかけて619両が製造された。次車区分では22次車から29次車が1000番代となっている。1000番代の登場は、老朽車両の置き換えを主目的とされているが、一部車両は増備および予備車として投入された。

1000番代の外観の特徴は、窓が座席1列に1枚の「小窓」が採用されたことだ。なおグリーン車と普通車で寸法は異なる。

また1000番代では新たな車両形式として、ビュフェ車の構造を大幅に変更し、多目的室を設置した37形が登場した。これにより0系の形式は10形式となった。

0系は1966年に「ひかり」「こだま」編成が分離された。これに続く16両編成化も、製造時期の異なる車両を既存車に組み込むパターンとなり、編成内に製造時期の異なる車両が混在する状況となった。

先行して置き換え対象となった1・2次車は「ひかり」用H編成に60本あり、先頭車を1000番代に置き換えた編成はあらたにNH編成に区分された。また、組み換え作業で一時的に編成が不足する分の予備車として、全車1000番代で構成された「ひかり」用編成が3本が新製され、新たにN編成として区分された。

1999年1月5日　写真／富田松雄

0系
2000番代

国鉄　JR東海　JR西日本

登場年 1981年
運用線区 東海道・山陽新幹線
最高運転速度 220km/h

0系2000番代は、1981年から1986年にかけて309両が製造された。0系の次車区分では、30次車から最終次車となる38次車が2000番代となっている。

2000番代は、6次車以降の老朽車両の置き換えを目的として登場した。なお1000番代投入時のように16両すべて2000番代で落成した編成は存在しない。

2000番代では、1000番代と同じく「小窓」が踏襲された。しかし普通車はシートピッチが拡大されたことで定員が減少しており、「小窓」であっても窓サイズは1000番代よりも拡大されている。また運転台側面窓は200系と同じデザインが採用されている。

内装は1980年に登場した200系に倣ったもので、普通車は2人掛けの回転式、3人掛けは集団離反式が採用され、いずれも簡易リクライニングシートになっている。またグリーン車は背ズリの大型化や背面テーブルの設置が行われた。

2000番代では新形式車両は登場していない。また車両の使用状況から、新製は置き換え対象となる21・22・25・26・16・37の6形式に整理され、15・27・36の3形式に2000番代は製造されていない。

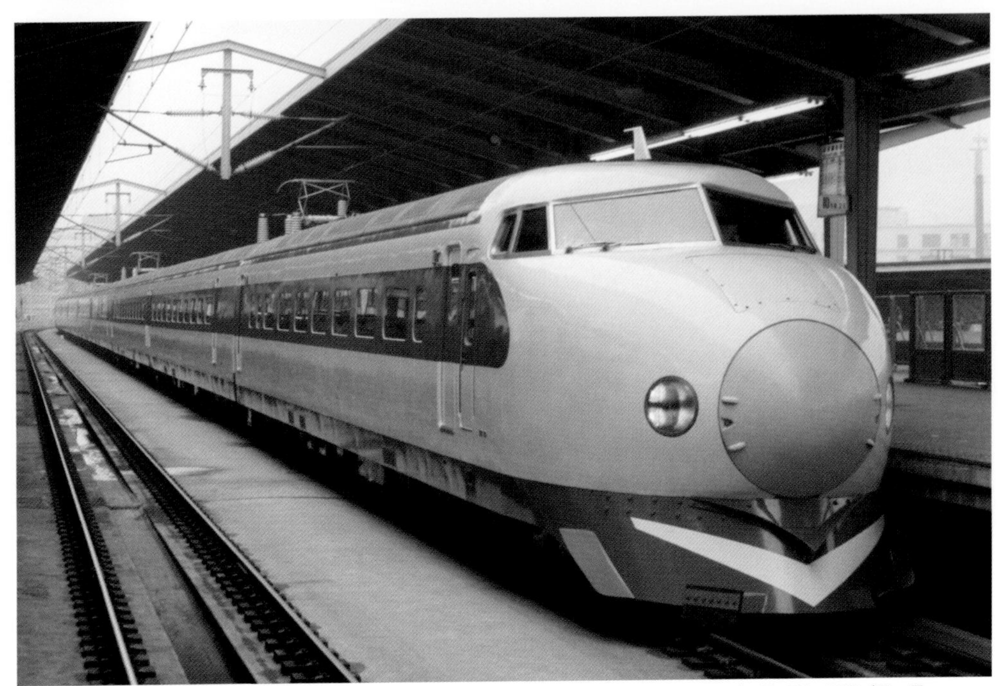

1966年4月15日　写真／星　晃

0系
お召列車装飾（初期）

国鉄
登場年 1966年
運用線区 東海道・山陽新幹線
最高運転速度 210km/h

新幹線を使用したお召列車が初めて設定されたのは、1965年5月7日から15日にかけて鳥取県で開催された第16回全国植樹祭に関連する行幸である。

この時点で新幹線は新大阪までしか開通しておらず、新幹線のお召列車は東京～新大阪間で設定された。なお在来線では新1号編成が使用された。新幹線には新1号編成のような、お召列車専用編成はなく、新製から間もないN7編成が抜擢された。

編成は12両編成のうち3～6号車を抜いた8両編成で構成され、御料車は3号車位置に連結された15-31に誂えられた。

1966年4月15日から23日にかけて愛媛県で開催された第17回全国植樹祭に関連する行幸では、2回目のお召列車が東京～新大阪間に設定された。お召編成はK8編成が抜擢された。このお召列車からは、スカート部分に白色のV字マークが掲出された。

新幹線では在来線のお召列車のように国旗の掲揚や御紋章の取り付けが行われない。しかし0系には外観の違いがないので、V字マークは識別を容易にする働きがあった。この装飾は1971年まで続いた。

1980年5月　写真／飯沼仁浩

0系

お召列車装飾（後期）

国鉄

登場年 1974年
運用線区 東海道・山陽新幹線
最高運転速度 210km/h

新幹線を使用したお召列車に対する識別標記は、1974年以降スカート部分へのV字型マークから、光前頭部脇から標識灯部分を貫通して後方に伸びる青色のラインに変更された。

青色ラインは強力シール剤を塗布したシートでできており、曲面に正確に貼り付ける作業は難航を極めたといわれている。またシートは列車の走行風で剥離するケースもあった。しかし現場職員の提案で、貼り付け端部を標識灯ケーシングからわずかに離した位置とすることで、風圧の影響を受けず、剥離を防止できることが確認されたという。

青色ラインによる標記を施したお召列車は、1974年2月19・20日の静岡行幸で初めて運転された。この列車には、16両編成化の過渡期にあった12両編成のS編成が抜擢され、7号車位置に連結された11号車（15形）を御料車とされた。

1975年以降は専用編成でも16両編成が充当されていたが、1981年5月および10月に設定されたお召列車では、当時の時代背景を反映した「省エネお召列車」として、8両編成に組み替えた編成が使用されている。

1985年7月13日　写真／RGG

0系
R編成

国鉄　JR西日本

登場年 1985年
運用線区 山陽新幹線
最高運転速度 220km/h

山陽新幹線の輸送量は新大阪を基準に岡山・広島で段落ちする傾向がある。その一方で小倉～博多間は、福岡県の二大都市間輸送として輸送量は多く、高速バスや自家用車を対抗輸送機関として、シェアの維持拡大に鎬を削っていた。

そこで1985年6月からは、小倉～博多間の高頻度運転を目論んで、同区間のみを運転する「こだま」の設定が試行された。

試行的に投入された6両編成は、余剰車を組み替えたもので、R0編成を名乗った。R0編成の5・6号車妻壁には40インチスクリーンが設置され、観光案内や乗換案内が投影された。このシステムはのちの「ビデオ（シネマ）カー」の布石となった。

R0編成を使用した臨時「こだま」は、1985年6月24日から小倉～博多間に5往復が設定され、好評を博した。1986年11月ダイヤ改正では、R編成をさらに20本増強して、山陽新幹線区間完結の「こだま」をすべてR編成化し、増発を図った。

新たなR編成は、おもに「こだま」用12両編成（SK編成）からの組み替えで誕生した。一部編成では、37形を改造してビュフェスペースを縮小し売店車化することで、座席定員を増加させている。

1988年4月17日　写真／RGG

0系 5000・7000番代

R編成「ウエストひかり」6両編成

JR西日本

登場年 1988年
運用線区 山陽新幹線
最高運転速度 220km/h

JR発足後初のダイヤ改正となる1988年3月改正では、新大阪～博多間に4往復の「ウエストひかり」が設定された。「ウエストひかり」は正式な列車名ではなく、新大阪～博多間のグレードアップ車両による速達タイプ「ひかり」の通称である。

「ウエストひかり」は「こだま」用R編成を改造したモノクラス6両編成で、座席はすべて通路を挟み片側2列座席とされていた。またビュフェは種車の37形からカウンターと客室スペースを一部縮小して、テーブルと椅子を配置したカフェスタイルに変更されている。

「ウエストひかり」用編成の外板塗色は、車両が落成した1987年11月時点では既存車と同じであったが、「ウエストひかり」の設定開始にあわせて、青帯は幅を調整し、ピンストライプが追加された。またドア付近には専用のロゴマークも追加され、既存車との違いを明確にしている。

「ウエストひかり」用R編成はR50番代編成に区分され4編成が登場した。「ひかり50・55号」の一往復はとくに混雑し、設定開始直後の4月29日から5月6日にかけての期間は、グリーン車1ユニットを増結した8両編成で運転された。

2000年3月5日　写真／富田松雄

0系 5000・7000番代

SK編成「ウエストひかり」12両編成

JR西日本
登場年 1988年
運用線区 山陽新幹線
最高運転速度 220km/h

JR西日本は、1988年4月1日から、12両編成の「ひかり」用SK編成のうち、2本を対象に、7号車で「ビデオカー」の営業を開始した。この車両は27形を食堂車のような側廊下に改造、側壁で仕切られた客室部分をビデオ視聴室とする構造だった。

一方、1988年3月のダイヤ改正で投入された「ウエストひかり」は、快適な車内と速達形ダイヤの設定で人気商品となった。そんな「ウエストひかり」の混雑緩和と、さらなるグレードアップを狙って、1988年8月からは「ウエストひかり」の12両編成化が始まった。

まず最初に、既存SK編成からの改造と、「ウエストひかり」用R編成からの組み替えで3編成がつくられた。改造によりビュフェはカフェスペースを拡大、「ビデオカー」は「シネマカー」に名称が変更されている。また、外板塗色は1991年以降クリーム10号（アイボリー）から100系と同じ白色3号に変更された。

1988年8月の運用変更で、「ウエストひかり」の2運用3往復が12両編成で運転を開始した。「ウエストひかり」の12両編成化はその後も続き、最終的には6編成が登場している。

1994年9月1日　写真／宇都宮照信

0系

R23・R24編成　中間車の先頭車化改造車

JR西日本

登場年 1988年
運用線区 山陽新幹線
最高運転速度 220km/h

1988年3月ダイヤ改正では、R編成をベースにした新商品となる「ウエストひかり」を新たに設定するため、「こだま」用R編成4本の捻出が必要であった。

捻出で不足する4編成のうち、2編成分4両の先頭車は余剰車から転用し、残りの2編成分4両については中間車からの改造で賄われた。改造には、グリーン車の普通車格下げ先頭車化改造と、普通車の先頭車化改造という2パターンがあった。改造方法は種車の一部を切断して、新製した先頭部を接合する方法だった。

グリーン車の先頭車化改造は15・16形0番代を種車にしたもので、改造後はそれぞれ21・22-3901となった。種車は大窓の0番代ながら、運転台の側窓は2000番代仕様となる珍妙な姿であった。

普通車の先頭車化改造は、25・26形2000番代をベースにしたもので、改造後はそれぞれ21・22-7951となった。種車が2000番代であったことから、前者のような珍妙な外観にはならなかったが、22-7951についてはスノープラウの設置位置が低く、外観の特徴となった。

21・22-3901はR23編成に、21・22-7951はR24編成に組み込まれ活躍した。

1988年12月　写真／浅野和正

0系

R23+R51編成　「ウエストひかり」変則12両編成

JR西日本

登場年 1988年
運用線区 山陽新幹線
最高運転速度 220km/h

山陽新幹線では、1988年3月のダイヤ改正で6両編成の「ウエストひかり」が設定された。「ウエストひかり」は一部列車で平均93％という高い乗車率を記録し、1988年ゴールデンウィークには2両を増結した8両編成を1本構成した。同年8月からは12両編成化も始まり、高まるニーズに応えていた。

そんななか、1988年度冬から1992年度冬にかけての繁忙期には、6両編成の「ウエストひかり」（R51編成）に「こだま」用6両編成（R23編成）を増結する変則12両編成が設定された。編成はR23編成を自由席、R51編成を指定席としていた。

0系の先頭車光前頭部には、救援用連結器が格納されているが、列車無線やサービス関係の電気関係の配線をつなぐ電気連結器は装備されていない。2編成の重連運転を行うため、連結器と同時に電気配線も引き通しが取られていた。

最繁忙期の多客臨時列車であったことから、外板塗色は変更されていない。このためオリジナル塗色車と「ウエストひかり」の2編成で、青帯の太さ（天地幅）や、窓周り帯の高さ位置といった違いが非常にわかりやすくなっている。

1998年7月5日　写真／宇都宮照信

0系
H・NH編成　アコモ改良編成

JR西日本

登場年 1991年
運用線区 東海道・山陽新幹線
最高運転速度 220km/h

0系16両編成の外板塗色は、1991年からはJR西日本所属車両、1995年からはJR東海所属車両で、クリーム10号から100系と同じ白色3号に変更された。

JR西日本は、1987年4月の発足時に、「ひかり」用として16両編成のH・NH編成を32本承継した。塗装が変えられる1991年度末の段階では、23本となっていた。

また、JR西日本では1992年度からNH編成の一部を対象にしたアコモ改良工事が始まった。これにより、1989年から「ひかり」編成として活躍していた100系3000番代（V編成）との格差縮小が図られた。

この工事は、普通車指定席とグリーン車を対象に行われた。普通車は3列座席を含め回転リクライニングシートになり、グリーン車はシートテレビの装着は見送られたものの、V編成と同等の大型バケットシートに変更された。

さらに1994年度からは、東海道新幹線区間での「こだま」に充当できるように5号車をビュフェ、9・10号車をグリーン車にする組み換えが始まった。対象となったのはH・NH編成の16本で、東海道区間完結の「こだま」には、1996年3月から1998年3月まで充当された。

1999年6月14日　写真／宇都宮照信

0系
Q編成

JR西日本

登場年 1996年
運用線区 山陽新幹線
最高運転速度 220km/h

広島～博多間の輸送量は、バブル崩壊後の落ち込みが著しく、6両編成でも供給過剰となっていた。このため1997年3月ダイヤ改正から4両編成「こだま」の設定が始まった。この4両編成はR編成やNH編成を解消した予備車で構成されたもので、3本が登場した。設定開始当初はR51～53編成として区分されたが、同年11月ダイヤ改正に合わせQ編成に改称されている。

Q編成は最終的に6本が構成された。運転区間は、連続勾配区間での主電動機過熱防止のため、広島以西に限定された。

Q編成は6本という小世帯ではあったものの、最後の大窓先頭車や1000番代のトップナンバー、異形のビュフェ縮小改造車など、バラエティに富んだ編成内容が趣味者の間で話題となった。

6本が広島以西区間で活躍したQ編成だったが、2000年から100系P編成への置き換えが始まり、2001年3月に営業運転を終了した。

なお、Q3編成は、2000年12月に新下関保守基地の一部を転用して開設した訓練施設の教材車両となった。実車を訓練に用いる常設施設は、新幹線で初めてのケースで、2008年末まで使用された。

1996年6月5日　写真／飯沼仁浩

0系
R編成　アコモ改良車

JR西日本

登場年 1997年
運用線区 山陽新幹線
最高運転速度 220km/h

山陽新幹線「こだま」用のR編成は、1989年以降100系（V編成）や300系（F編成）の導入で捻出された「ひかり」用0系（NH編成）により、編成内の組み替えや新たなR編成の組成で新陳代謝が図られていた。

NH編成は、1992年から一部編成を対象に指定席車両のアコモ改良工事が行われていた。しかし、1997年3月のダイヤ改正では、東海道新幹線区間で改良されたATCの使用が開始された。これにより、25次車以前の0系が乗り入れできなくなり、16両NH編成の多くは活躍の場を失なった。

アコモ改良済みのNH編成をR編成に組み替える動きは1996年度から本格的に始まった。NH編成時代には1号車が自由席であったことから、座席の交換はされていなかったが、R編成化に合わせて1号車もアコモ改良され、6両すべてが回転式のリクライニングシートになった。この改造で原番号1000番代の車両は5030番代、同7000番代は7030番代に変更されている。

外板塗色は「ウエストひかり」に倣い、青色のピンストライプが追加された。また側引戸横には、楕円形にWとSを図案化したシンボルマークが掲出された。

1999年8月8日　写真／高野洋一

0系 YK8・YK29・YK41編成 さようなら0系マーク付き編成

JR東海
登場年 1999年
運用線区 東海道新幹線
最高運転速度 220km/h

1987年4月のJR発足で、JR東海は国鉄から12両編成の「こだま」用S・SK編成を38本承継した。

1987年10月からは、指定席を2+2列の回転リクライニングシートとするアコモ改良工事が始まった。さらに1989年4月29日からは、「ひかり」の混雑緩和を目的に、「こだま」編成の16両編成化が始まった。16両編成化には、100系G編成の投入で廃車予定だった車両も一部活用され、1991年3月までに41編成が16両編成の「こだま」用Y・YK編成に組み替えられた。

Y・YK編成を含む0系は、300系による置き換え対象となり、1995年度からは置き換えが加速した。そしてJR東海所属のYK編成は、1999年に営業運転を終了することとなり、同年7月31日からは残存する3編成を対象に、光前頭部に営業運転終了を表す記念装飾が行われた。

1999年の夏休み期間には、臨時「ひかり」が3本設定されたほか、定期「こだま」も記念装飾が施された状態で運転された。

営業運転最終日となる9月18日は最終営業列車の「こだま473号」にYK8編成が充当された。車内や沿線には多くのファンが集まりラストランを飾った。

2002年5月26日　写真／宇都宮照信

0系
R61~R68編成　フレッシュグリーン塗装

JR西日本
登場年 2002年
運用線区 山陽新幹線
最高運転速度 220km/h

山陽新幹線「こだま」用R編成は1997年3月のダイヤ改正から、アコモ改良編成が順次使用開始となり、オリジナルのR編成の規模は一気に縮小した。

さらに2000年3月のダイヤ改正では、「ウエストひかり」が700系7000番代「ひかりレールスター」に置き換えられた。0系SK編成は、残存していた6編成すべてが順次R60番代編成として6両編成に組み替えられた。組み替えられた編成は、「ウエストひかり」のシンボルマークや外板塗色のまま、2000年4月22日から「こだま」として営業運転を開始した。また、R60番代編成は、オリジナルの内装から改造された編成が、2002年までに2本が追加され、最終的に8本体制となった。

2002年5月からはR63編成を皮切りに、全編成を対象として順次外板塗色のフレッシュグリーン化が始まった。これは「こだま」の4列座席化を利用者に認知してもらうための取り組みだった。ベースカラーを500系や700系7000番代と同じライトグレー、帯色をフレッシュグリーンとするパターンである。この外板塗色パターンはのちに100系K編成やP編成（「こだま」用）にも波及している。

2008年4月19日　写真／森　友紀

0系

R61・R67・R68編成　復刻アイボリー塗装

JR西日本

登場年 2008年
運用線区 山陽新幹線
最高運転速度 220km/h

R編成は、16・12両編成からの編成短縮や組み替えにより、長期間使用されていたが、2002年以降は100系への置き換えが進んでいた。

そして2008年2月に、同年11月末をもって0系の営業運転が終了することが発表された。同時に定期運転終了まで使用する3本の車体外板を、フレッシュグリーンから、0系のオリジナルカラーである、クリーム10号（アイボリーホワイト）と青20号（ブライトブルー）、屋根部外板を銀色、床下機器と台車を黒色とすることが発表された。

対象となったのはR61・R67・R68編成の3本だ。まず、2008年4月16日にR67編成が博多総合車両所を出場した。

R編成はJR発足により1号車と5号車の青帯無窓部分に大型のJRマークが掲出されていたが、復刻塗装では1号車と6号車の車番付近に小型のJRマークが掲出されるにとどまった。

2008年11月30日に、岡山～博多間の「こだま659号」が最終の定期列車として運転された。また12月14日には博多～新大阪間に1往復の多客臨時列車「ひかり340号」「ひかり347号」が設定され、0系のフィナーレを飾った。

1985年8月23日　写真／RGG

100系
XO編成

国鉄
登場年 1985年
運用線区 東海道・山陽新幹線
最高運転速度 210km/h

100系の量産先行試作車であるX0編成は、国鉄末期の1985年3月に登場した。

新幹線開業以降、旅客輸送サービスに提供される車両は、基本設計を変更することなくマイナーチェンジをした0系が投入するのみにとどまっていた。新幹線開業から約20年を迎える時期になると、生活水準の変化や競合交通機関からも見劣りが否めない状況になっていた。

新幹線の商品力を向上させるには、アコモデーションの抜本的な変更や速度向上が有効である。モデルチェンジを行うことで居住性や性能が向上するとしても、当時の国鉄の財務状況から投資額は0系並みとすることが重視された。この課題をクリアするために、100系は付随車の導入や主回路の見直しで車両新製費そのものを低減させ、軽量化や機器の集約配置で保守費の低減が図られている。

X0編成は、両先頭車と8・9号車を付随車としたほか、中間の2両は2階建てとなり注目を集めた。X0編成は試運転ののち1985年10月から営業試使用に移行し、100系量産車の仕様決定に活用された。1986年には量産化改造され編成番号はX1となり、2000年に廃車となった。

1986年9月26日　写真／RGG

100系
G編成（初代）

国鉄

登場年 1986年
運用線区 東海道新幹線
最高運転速度 210km/h

100系は、量産先行試作車であるX0編成が“営業試使用”という位置付けで導入されたものの、既存の0系から比較すると良質な車内設備による居住性の向上は、利用者から高い評価を得た。

100系の量産は16両という編成単位ではなく、先行して12両編成が4本発注された。この背景には、2階建て車両の最終的な仕様が決定していなかったということが挙げられる。一方、2階建て車両2両と普通車1ユニットをあとから組み込み、「ひかり」編成とすることは決定していたことから、量産車は東海道新幹線完結の「こだま」に先行して投入されることが決定した。

100系は量産先行試作車と量産車で外観が大きく異なる。わかりやすいところでは、側窓が1列1枚の「小窓」から、眺望を考慮した2列1枚の「大窓」になったことだ。グリーン車は平屋車の個室が廃止となった。また各座席には読書灯が新たに設置されたほか、レッグレストはフットレストに置き換えられた。

100系量産車は1986年6月に落成し、G編成に区分された。「こだま」での使用は1986年6月から10月までの短期間に終わっている。

1986年11月14日　写真／RGG

100系
X編成

国鉄　JR東海
登場年 1986年
運用線区 東海道・山陽新幹線
最高運転速度 220km/h

「こだま」用として4本のG編成が先行落成した100系量産車は、追って最終的な仕様が決定した2階建て車両と普通車1ユニットの計4両（4編成分16両）が1986年10月以降に順次落成した。G編成にはこの4両が組み込まれ16両編成となり、編成記号もGからXに変更された。

2階建て車両のうち、食堂車（8号車）はパントリー付近や売店部分の見付けが見直された。また食堂部分も吹き抜けの構造に変更が発生している。グリーン車については個室パターンが見直された。X0編成では1人用6室（うち2室は10号車）、2人用（10号車）1室、3人用6室というパターンだったが、利用状況を反映させて100系X編成の量産車では、1人用4室、2人用3室、3人用1室という構成に変更され、10号車の個室は廃止されている。

X編成は、国鉄時代最後のダイヤ改正である1986年11月ダイヤ改正の目玉商品として、東京～博多間の「ひかり」4往復に投入された。ダイヤ改正時点ではX1編成を含めた5編成体制であったが、1987年3月に2本が増備され7編成体制となった。X編成は全編成がJR東海に承継され、1999年10月に営業運転が終了した。

1999年8月8日　写真／高野洋一

100系
G編成（2代目）

JR東海　JR西日本

登場年 1988年
運用線区 東海道・山陽新幹線
最高運転速度 220km/h

1987年に発足したJR東海は、国鉄から0系1339両を承継した。この内訳は16両編成53本と12両編成38本、編成を構成しない保留車35両となっていた。これら0系の平均車齢は約10年であったものの、置き換えが適当な時期である13年を経過した車両が363両あり、0系全体の約27%の車両がその時期に迫っていた。

JRが発足した1987年はいわゆるバブル景気の拡大期にあり、輸送量も増加の一途を辿った。JR東海では0系の置き換えとして1988年2月に100系G編成を新たに投入し、同年3月のダイヤ改正で営業運転を開始した。100系G編成は国鉄時代に投入されたX編成をベースにしながらも、需要を反映して8号車を食堂車からグリーン車とカフェテリアの合造車に変更している。またグリーン個室については、増備途中から1人用個室2室から4人用個室1室に割り付け変更が行われた。

100系G編成は1988年から1992年にかけて50編成が増備され、おもに「ひかり」用車両として投入された。

1996年からは0系25次車以前の置き換え目的として、G1〜7編成が順次JR西日本に売却された。

1999年7月25日　写真／高野洋一

100系
3000番代　V編成

JR西日本

登場年 1989年
運用線区 東海道・山陽新幹線
最高運転速度 230km/h

100系3000番代（V編成）は1989年3月ダイヤ改正の目玉商品として、JR西日本が投入した。JR西日本の発足により、JR西日本が国鉄から承継した営業用車両は0系のみ715両であった。東海道・山陽新幹線は、JR移行後も直通運転を基本としていた。一方、100系G編成では食堂車が廃止され、乗車時間（使用時間）の考え方について会社単位の考え方が見られるようになっていた。JR西日本では東京直通用車両のアコモデーションとして、食堂車の連結は必要と判断していた。

V編成は100系の基本性能を活かしつつ、JR西日本独自のアコモデーションとなった。2階建て付随車を7～9号車に集約、8号車を食堂車、7・9・10号車をグリーン車と普通車の合造車とする新たな100系の誕生であった。

最高運転速度は山陽新幹線区間のみではあるものの、220km/hから230km/hに引き上げられ、東京～博多間の所要時間は、X編成を使用した列車と比較して10分短縮の5時間47分となった。

V編成は1989年から1991年にかけて9編成が増備された。2002年に営業運転が終了し、多くの車両が短編成化された。

2003年9月6日　写真／高野洋一

100系

G47・G49編成　「さよなら100系ラッピング」

JR東海

登場年 2002年
運用線区 東海道新幹線
最高運転速度 220km/h

東海道新幹線の輸送力強化は、JR東海発足直後となる1988年に100系G編成を投入することで幕を開けた。好景気という追い風もあり、輸送量は右肩上がりで成長を続け、「ひかり」の自由席乗車率は平均99%を記録した時期もあった。

G編成は1992年に増備が終了し、「ひかり」としての営業運転がメインとなっていた。しかし、300系の増備が進むと、G編成は「こだま」への充当が増加していった。1999年3月には700系の営業運転が始まり、100系は置き換えられていった。

建設工事が進められていた新幹線の品川駅は、2003年10月に開業が決定し、このダイヤ改正には全列車270km/h運転も盛り込まれた。これに対応することができない100系は、この時点で引導を渡されてしまったといえよう。

G編成は置き換えが進められた結果、2003年8月末をもって定期列車としての運転が終了した。

東海道新幹線での最終営業運転は9月16日に設定された臨時「ひかり309号」となった。ラストランにむけてG47・49編成には両先頭車と9・15号車に装飾が施され有終の美を飾った。

2000年8月25日　写真／浅野和正

100系
5000番代　P編成

JR西日本
登場年 2000年
運用線区 山陽新幹線
最高運転速度 220km/h

　山陽新幹線は、広島以西の区間で輸送量の段落ちが顕著となっていた。1997年からは輸送力の適正化を目的として、4両編成の0系Q編成を投入していた。

　0系Q編成の置き換え時期が迫り、白羽の矢が立てられたのはV編成を中心とした100系であった。

　V編成は付随車を中間車に集中させたことにより、X・G編成とは異なり先頭車は電動車（制御電動車）となっていた。16両編成の100系を組み替えることで捻出された100系4両編成は、新たに100系5000番代に区分され、編成記号はPを名乗った。2000年9月に装い新たに登場したP1編成は、ベースをV1編成にしており、V1編成時代の1・14・11・16号車で編成が構成された。

　編成の区分番代は5000番代・5050番代・3000番代・3750番代と4パターンがある。5000番代は230km/h対応車との区別、末尾50番代は転用改造を区別するものとなっている。

　P編成は2000年10月から営業運転を開始した。P6編成まではV編成の塗装で登場し、P7編成以降は改造と同時にフレッシュグリーンのパターンとされた。

2007年6月1日　写真／宇都宮照信

100系 5000番代

P編成 フレッシュグリーン塗装

JR西日本

登場年 2002年
運用線区 山陽新幹線
最高運転速度 220km/h

2000年10月から営業運転を開始したP編成は、2000年度および2001年度に各3編成、2003年度に2編成、2004年度に4編成が組み換え・改造され、12編成体制が構築された。

P編成のアコモデーションは、V編成時代のものが流用されていたが、2001年度に登場したP4編成以降は全車通路を挟んで片側2列座席に変更された。この座席は編成により出自が異なっており、「ウエストひかり」や、「グランドひかり」の7・9・10号車1階普通車座席、およびグリーン席などが転用された。

アコモデーション改良直後は外観の変更はされなかった。既存車は2002年8月に出場したP1編成から、フレッシュグリーン塗装化が始まった。これには「こだま」の4列座席化をアピールする狙いがあった。新塗装は「ひかりレールスター」と同色のライトグレーを基調として、新緑や若草など新たな誕生の息吹をイメージしたものだ。

P編成のフレッシュグリーン塗装化は2004年4月に完了した。またP編成は2011年3月のダイヤ改正で営業運転が終了し、4両編成の営業車両の歴史にピリオドが打たれた。

2004年6月29日　写真／富田松雄

100系
5000番代　K編成

JR西日本

登場年 2002年
運用線区 山陽新幹線
最高運転速度 220km/h

100系5000番代（K編成）は0系R編成の置き換えを目的として、2002年1月に登場した。第1弾となったK51編成は、旧V7編成を組み替えることで登場している。編成順序は旧V7編成の1・14・11・4・13・16号車だ。P編成では客室定員を確保する目的から中間乗務員室を設置していなかったが、K編成では4号車前位（博多総合車両所方）の海側および山側に、専用の乗務員室が改造により設置された。このため4号車はオリジナルの100系にはなかった3200番代とされた。

P編成を含めた100系の短編成化では、先頭車（121形・122形）が各22両、多目的室を持つ車両も22両必要であった。JR西日本が所有していた100系は、V編成9本とG編成7本であり、不足する車両についてはJR東海から100系を購入することで運転台部分と多目的室設置車両の車体を確保している。K編成ではK52・55・57・60の4本が先頭車化改造と多目的室設置車両の車体のせかえ改造によって構成された。

K編成はK53編成までが100系V編成の塗装で登場、K54編成以降は改造と同時にフレッシュグリーンのパターンとされた。

2002年5月16日　写真／宇都宮照信

100系 5000番代

K編成 フレッシュグリーン塗装

JR西日本

登場年 2002年
運用線区 山陽新幹線
最高運転速度 220km/h

2002年2月から営業運転を開始したK編成は2001年度に1編成、2002年度に7編成、2003年度に2編成が組み換え・改造され、10編成体制が構築された。

K編成のアコモデーションはP編成と異なり、組み換え・改造に合わせて全車通路を挟んで片側2列座席に変更されている。この座席はP編成と同じく編成により出自が異なっており、「ウエストひかり」や、「グランドひかり」の7・9・10号車1階普通車座席、およびグリーン席などが転用された。

K53編成までは100系V編成時代の塗色のままとなっていたが、2002年度組み換え・改造分となるK54編成からフレッシュグリーン塗装化が始まった。また、先行登場した3編成についても2003年10月から2004年10月までの期間に、順次フレッシュグリーン塗装にリニューアルされた。

フレッシュグリーン塗装に装いを改めたK編成は0系WR編成とともに、博多南線を含めた山陽新幹線全線で活躍した。

その後2009年4月にK51編成が廃車となり、勢力は減少に転じた。K編成のうち3本は2010年に国鉄色に復元。フレッシュグリーン塗装のK編成は廃車により2011年12月に消滅した。

2010年10月17日　写真／米村博行

100系 5000番代

K編成 復刻塗装

JR西日本

登場年 2010年
運用線区 山陽新幹線
最高運転速度 220km/h

100系5000番代（K編成）は2004年10月にK52編成がフレッシュグリーン塗装化され、オリジナルカラーが消滅した。

しかし、2010年7月に、K編成のうちK53・54・55の3編成に対して、フレッシュグリーン塗装から100系営業運転開始当時の白3号（オイスターホワイト）と青20号（ディープブルー）の組み合わせによる車体外板塗色と、屋根板外板部分を銀色塗色とすることが発表された。オリジナルカラーが復刻された背景には、100系新幹線に思い出のある利用者を中心に、多くの人々に懐かしんでいただきたいという、JR西日本の想いがあった。

オリジナルカラーが復刻された100系のうち、K53編成は2010年7月に博多総合車両所を出場。報道公開されたのち7月14日から営業運転に投入された。このほか対象となった2編成も9月までに相次いで出場し、既存のフレッシュグリーン塗装と共通運用が組まれた。

2011年12月以降のK編成は復刻色のみが残り、2012年3月ダイヤ改正直前まで定期列車に充当された。営業最終列車は2012年3月16日に岡山～博多間の臨時「ひかり445号」として運転された。

1990年5月27日　写真／RGG

300系
J0編成

JR東海
登場年 1990年
運用線区 東海道・山陽新幹線
最高運転速度 270km/h

300系J0編成は1990年に登場した300系の量産先行試作車だ。

東海道新幹線は軌道構造や線形、さらに沿線の開発状況などの面では、ほかの新幹線路線よりも不利な条件で、高速化は困難な課題であった。そんな東海道新幹線を最高運転速度270km/hで走り、東京～新大阪間を2時間30分で結ぶために開発されたのが300系だ。

高速化を実現させる手段として、車体のアルミ合金化や、主回路のVVVF制御方式、ボルスタレス台車が採用されている。

J0編成は1990年からの走行試験で量産車の仕様決定に至る各種試験に使用された。1991年2月の速度向上試験では、325.7km/hという当時の国内最高速度記録を達成。また走行試験終了後は量産化改造によりJ1編成に改番されて、2000年12月まで量産車と共通運用された。

2001年1月以降は再度営業運転から外れ、試験専用車両（事業用車）に転用された。J1編成はATC-NSの現車試験や、N700系の技術開発用車両として2007年3月まで使用され廃車となった。今日では、東京方先頭車の322-9001がリニア・鉄道館に展示されている。

1999年6月14日　写真／宇都宮照信

300系

J編成

JR東海

登場年 1992年
運用線区 東海道・山陽新幹線
最高運転速度 270km/h

300系量産車のうち、JR東海所属のJ編成は1992年2月に登場した。

J編成はJ0編成の走行試験の結果を反映して、外観に大幅な手直しが施されている。車体の全高は製造工程を考慮して5cm高くなったほか、ノーズ部分の形状も、運転台側の台車収納位置部分を膨らませて張り出しを解消している。ほかにも、帯色はスカイブルーからディープブルー（青20号）に変更されるなどが見られた。

1992年3月ダイヤ改正の目玉商品である270km/h運転列車は、車両の落成に先立つ1991年12月に「のぞみ」と発表され、東京～新大阪間に2往復が設定された。さらに1993年3月ダイヤ改正では、東京～博多間の1時間ヘッド運転が始まり、「のぞみ」時代が到来したのだった。

J編成の増備は1992年から1998年にかけて行われ、量産先行試作車をのぞき60編成が製作された。300系は、量産中の改造で外観に変化が生じていることも特筆できる。1・2次車にあたるJ15編成まではプラグドア、以降の編成は引戸化された。またパンタグラフについても、3パンタから2パンタ、さらにシングルアーム化が行われるなど、進化を続けた。

2011年12月30日　写真／浅山雅弘

300系
F編成

JR西日本
登場年 1992年
運用線区 東海道・山陽新幹線
最高運転速度 270km/h

300系量産車のうち、JR西日本所属のF編成は1992年12月に登場した。

F編成の増備は1993年3月ダイヤ改正による、「のぞみ」の東京～博多間1時間ヘッド運転に対応するものだった。このダイヤ改正に合わせて5編成が1993年2月までに増備された。

F編成の増備にあたり、1992年6月から9月にかけてJ1編成を使用し、300系導入に向けた走行試験や訓練が山陽新幹線区間で実施された。

車両性能的には、F編成とJ編成は同等のものである。一方、内装はJR西日本のオリジナルになっており、座席モケットは普通車・グリーン車ともにJ編成とは異なるデザインが採用された。

F編成は1993年度も4編成が増備され9編成体制で増備が終了した。外観の変化は1次車となるF5編成まではプラグドア、2次車となるF6編成以降は引戸に変更されている。J編成と同様に1995年からは順次2パンタ化が進められ、2001年以降はさらにシングルアーム化が行われた。

N700系の増備により2011年7月からは廃車が始まり、2012年3月ダイヤ改正で営業運転が終了した。

2012年3月3日　写真／石黒義章

300系

J55・57編成　「ありがとう300系ラッピング」

JR東海

登場年 2012年
運用線区 東海道新幹線
最高運転速度 270km/h

270km/h運転実現の立役者として一時代を築いた300系J編成。「のぞみ」定期列車への充当は2001年10月のダイヤ改正で終了したものの、100系が淘汰された2003年10月ダイヤ改正以降は「(臨時)のぞみ」「ひかり」「こだま」に対応するオールラウンド車両として活躍を続けた。

また、2005年からは一部の編成をのぞき、乗り心地改善工事として両先頭車とパンタグラフ搭載車およびグリーン車にセミアクティブサスペンションが搭載された。また、空気バネは全車を非線形空気バネに変更する改造も行われた。

しかし、N700系の増備により、2007年8月から量産車の廃車が始まった。J編成は、2010年度末時点で9編成が残存していた。

J編成の営業運転終了は2011年10月に発表された。2012年2月からは、残るJ55・57編成を対象にラッピングが行われ、300系を充当した臨時「のぞみ」や、団体臨時列車が多数設定された。最終営業列車は2012年3月16日に東京～新大阪間で設定された臨時「のぞみ329号」だった。J57編成が充当され、300系J編成量産車20年の歴史のフィナーレを飾った。

2009年10月16日　写真／森嶋　猛

500系
0番代　W編成

JR西日本

登場年 1996年
運用線区 東海道・山陽新幹線
最高運転速度 300km/h

山陽新幹線を経営するJR西日本は、発足以降の速度向上として、1989年に「グランドひかり」を投入することで230km/h運転を実現し、所要時間の短縮を行った。その後1992年には「WIN350」（500系900番代）を投入し、300km/h域での営業運転に向けた検証が始まった。

「WIN350」による走行試験の結果から、山陽新幹線での速度向上は300km/hが適当であると判断された。そして1996年1月に、量産先行車として500系0番代（W1編成）が落成した。

500系量産車の先頭車両はトンネル微気圧波対策として、15mに及ぶロングノーズ形状と、キャノピー構造の運転台を持つスタイリッシュなデザインが採用された。

W編成は、1997年3月のダイヤ改正で新大阪～博多間の「のぞみ」としてデビュー。300km/h運転により同区間の所要時間は2時間17分に短縮された。1998年までに9編成が投入され、300系に代わるJR西日本のフラッグシップ車両となった。

1997年11月ダイヤ改正では東海道新幹線区間への乗り入れが始まり、最盛期には2時間に1本の「のぞみ」が500系で設定された。

2021年8月31日　写真／川西博之

500系
7000番代　V編成

JR西日本
登場年 2008年
運用線区 山陽新幹線
最高運転速度 285km/h

500系W編成は、2008年からN700系N編成による置き換えが始まった。W編成はW1編成をのぞく8編成が、段階的に8両編成のV編成へ改造された。

W編成は設計段階で12両編成への組み換えは考慮されていたものの、8両編成化は考慮されていなかった。このため8両編成化には大掛かりな改造や組み換えが必要となった。V編成の編成順序は、W編成の1・2・3・4・13・10・11・16号車から構成されている。改造では碍子カバーを含むパンタグラフの撤去や新設があり、ロングノーズとともにW編成の特徴だった翼型パンタは、構体への取り付けスペースの問題からシングルアーム式に変更された。

V編成には、山陽新幹線区間の「こだま」用編成である0系を置き換える役割があった。N700系N編成の増備で置き換えられたW編成は、V編成化されることで0系R編成を置き換え、さらに2011年からは100系P編成を置き換えた。

2023年12月現在、V編成は6編成体制となっている。往年の300km/h運転から285km/hに引き下げられたが、流麗なフォルムは今も色褪せていない。

2018年3月24日　写真／浅山雅弘

500系 7000番代

V2編成「500 TYPE EVA」

JR西日本

登場年 2015年
運用線区 山陽新幹線
最高運転速度 285km/h

V2編成は2014年7月から2015年8月にかけて「プラレールカー」として、新大阪〜博多間の「こだま」1往復で定期列車として運転された。

2015年11月からは、同じV2編成をさらに改造して、「500 TYPE EVA」として定期列車に投入した。この企画は山陽新幹線博多開業40周年と、アニメ「新世紀エヴァンゲリオン」の放送開始20周年を記念してコラボしたものだ。

「プラレールカー」では車体側面にワンポイントのステッカーが貼付されたのみであったが、「500 TYPE EVA」では「EVA初号機」をイメージするカラーが編成を通して採用された。通常このような細密なパターンは、カッティングシートによるラッピングで処理されるが、高速走行による剥離で設備損傷を発生させないように、塗装で再現されている。

車内は1号車に「EVA初号機」のコックピットを模したギミックが搭載され、体験スペースとして販売された。また車内放送やチャイムも変更され、車両全体が「新世紀エヴァンゲリオン」の世界観で統一された。「500 TYPE EVA」は2018年5月まで設定された。

2021年7月26日　写真／川西博之

500系 7000番代

V2編成
「ハローキティ新幹線」

JR西日本
登場年 2018年
運用線区 山陽新幹線
最高運転速度 285km/h

大好評を博して設定期間が終了した「500 TYPE EVA」は、2018年6月末に「ハローキティ新幹線」としてリニューアルデビューを果たした。

「ハローキティ新幹線」は世界的人気キャラクターである「ハローキティ」の世界観と新幹線をコラボさせた企画だ。車両の外観は「500 TYPE EVA」のクールでシリアスな世界観から、白とピンクを基調としたファンシーなイメージとなった。

外観のコンセプトは「ハローキティが沿線各地をピンク色のリボンで結ぶ」とされた。山陽新幹線沿線となる中国地方5県と福岡県・兵庫県・大阪府の計8府県の名物を組み合わせ、各号車のモチーフとしている。ちなみに「ハローキティ」と地方の名産品という組み合わせは、「ご当地キティ」としてハンカチやメモ帳といった、いわゆる身の回り品として商品展開されており、コレクターも多い。

車内は1号車が「HELLO PLAZA!!」として沿線各地の名産品の展示販売スペースとされている。また2号車は、背ズリカバーや床面をピンク色としてハローキティの世界観を再現した「KAWAII!!ROOM」として設定されている。

1998年11月27日　写真／田中真一

700系
9000番代　C0編成

JR東海

登場年 1997年
運用線区 東海道・山陽新幹線
最高運転速度 285km/h

700系は「快適な車内環境の提供」「環境への適合」「車両性能の向上」「トータルコストの低減」をコンセプトに、JR東海とJR西日本の共同で開発された。そして1997年9月に、700系量産先行試作車となる700系9000番代（C0編成）がJR東海の所属で落成した。

700系は、500系と同じ4両1ユニット方式を採用することでコストダウンが図られた。運用効率を考慮するため、号車定員や側引戸位置は300系と合わせられている。先頭形状は空気抵抗を考慮しつつ、最後尾になった場合にも安定して気流制御が可能なエアロストリーム形状が採用された。

C0編成では、量産車の仕様決定のための試験走行が1999年まで実施された。この期間中には、山陽新幹線区間で1・5・6・7・10・11・12・16号車を使用した8両の条件変更試験を行い、のちの「ひかりレールスター」用700系7000番代の基礎データも収集されている。

C0編成は1999年4月に量産化改造を受けC1編成に改番された。以降は量産車と共通運用を組み、2013年1月に廃車された。廃車後は博多方先頭車の723-9001がリニア・鉄道館に展示されている。

2009年11月8日　写真／坂口恒一

700系
0番代　C編成

JR東海　JR西日本
登場年 1999年
運用線区 東海道・山陽新幹線
最高運転速度 285km/h

C0編成による走行試験の結果を反映させた700系量産車（C編成）は、1999年2月に登場した。同年3月のダイヤ改正に合わせ4編成が落成し、東京～博多間の「のぞみ」3往復に投入された。

C編成の東海道新幹線区間の最高運転速度は、300系や500系と同じく270km/hであったが、山陽新幹線区間は15km/h引き上げられた285km/h運転となった。これにより東京～博多間の所要時間は最速4時間57分となった。

C編成の増備はダイヤ改正後も進められ、2003年10月の段階で54編成体制になった。さらに、品川開業効果や2005年の愛知万博に対する輸送力強化を目的として、2004年には6編成が追加増備され、最終的には60編成体制に増強された。

増備段階の変化として、C25編成からはドアチャイムや座席背ズリへの手すりが装着された。またC29編成以降は側引戸の窓位置が変更されている。

2011年度からはC11～18編成が300系F編成を置き換える目的でJR西日本に譲渡された。これらC編成は、2面側壁や床下標記類を、順次JR西日本仕様としたが、編成番号の改番は行われなかった。

2020年7月21日　写真／川西博之

700系
7000番代　E編成

JR西日本

登場年 1999年
運用線区 山陽新幹線
最高運転速度 285km/h

JR西日本は「ウエストひかり」の後継車両として、1999年12月に700系E編成（700系7000番代）を導入し、2000年3月のダイヤ改正から「ひかりレールスター」を設定した。

E編成は、山陽新幹線の輸送需要を考慮して8両編成で構成された。自由席の1～3号車は通路を挟み2列・3列という座席配置が採用されたが、指定席については通路を挟んで片側2列座席が採用された。この指定席については「サルーンシート」と名付けられた。

また指定席車両にはモバイルコンセントを設置した「オフィスシート」のほか、緊急時以外に車内放送をしない「サイレンスカー」が設定された。さらに8号車には定員4人のセミコンパートメントを4室設定し、グループ需要にも対応した。このようなサービスから、「ひかりレールスター」は山陽新幹線の人気商品となった。

2006年までに16編成が導入されたE編成だが、九州新幹線が全通した2011年3月ダイヤ改正で「ひかりレールスター」の多くが「みずほ」「さくら」に置き換えられた。「ひかり」から「こだま」に転じたE編成は2023年12月現在も全編成が健在である。

2019年3月31日　写真／浅山雅弘

700系
3000番代　B編成

JR西日本
登場年 2001年
運用線区 東海道・山陽新幹線
最高運転速度 285km/h

JR東海とJR西日本が共同開発した700系のうち、JR西日本所属の16両編成仕様がB編成である。B編成は700系3000番代に区分され、2001年6月に登場。その後2006年1月にかけて、計15編成が投入された。

B編成の基本的な仕様はC編成に合わせられているが、アコモデーションはJR西日本オリジナルになっている。また台車構造は、500系や先行して登場したE編成（700系7000番代）と互換性を持ち、C編成とはまったく異なる仕様になっている。

B編成の廃車は2017年に始まり、11月にB7編成が離脱した。その後もF編成（N700A）の導入で置き換えが進められた。定期列車への投入は、営業最終年となった2019年3月のダイヤ改正段階で、新大阪〜博多間の「ひかり」1往復のみとなっていた。

東海道からの700系引退後となる2020年4月1日の段階では、B4・B6編成の2本が残っていた。B4編成のみ全車禁煙化され波動用として残ったものの、COVID-19感染拡大防止のため需要は低下し、2021年2月に廃車となり、B編成20年の歴史に幕が下ろされた。

2005年7月7日　写真／飯沼仁浩

700系 0番代

C編成「AMBITIOUS JAPAN!」

JR東海
登場年 2003年
運用線区 東海道・山陽新幹線
最高運転速度 285km/h

2003年10月1日に実施されたダイヤ改正は、品川駅開業に伴う白紙改正であった。東海道新幹線では、100系が引退し、300・500・700系で統一された。これにより全列車の270km/h運転化が実現し、輸送の質は飛躍的に向上した。

品川駅開業に先立つ9月20日からは「AMBITIOUS JAPAN!」キャンペーンが始まった。ダイヤ改正の主役といえる700系C編成には、両先頭車の青帯を横断する長さ8m・高さ50cmの「AMBITIOUS JAPAN!」ステッカーが貼付された。さらに1・5・9・11・15号車のトイレ・洗面所部分には、品川開業のキャッチコピーである「のぞみは、かなう。」がデザインされた円形のステッカーも貼付された。キャンペーンステッカーの貼付はJR東海所属車両のみで、前者のステッカーはC編成のみ、後者のステッカーは300系のJ編成（J1編成をのぞく）も対象となった。

「AMBITIOUS JAPAN!」キャンペーンは2004年9月から1年程度の計画であった。しかし、2005年9月の愛知万博閉幕まで期間は延長され、9月25日以降順次「AMBITIOUS JAPAN!」と「のぞみは、かなう。」のステッカーは剥離されている。

2020年3月1日　写真／浅山雅弘

700系 0番代

C53・C54編成「ありがとう東海道新幹線700系」

JR東海

登場年 2020年
運用線区 東海道新幹線
最高運転速度 285km/h

700系C編成は、全盛期に60編成体制が構築された。しかし、2013年1月に量産先行試作車であるC1編成が廃車となり、C編成の淘汰が始まった。

廃車計画最終年度となる2019年4月1日の段階で、C編成はC49～C54編成の6本が在籍していた。定期「のぞみ」への充当は2012年3月のダイヤ改正で終了しており、2019年3月ダイヤ改正では3運用を残すのみとなっていた。この運用も順次N700系への置き換えが進み、同年12月1日を持って定期旅客列車への充当は終了した。

C編成の営業運転終了は2019年12月に発表された。約20年にわたる活躍のフィナーレを飾るため、2020年2月12日からは残るC53・C54編成を対象に、車両先頭部および青帯端部、1・5・9・15号車のトイレ洗面所無窓部分に、感謝と惜別の装飾が施された。

2020年3月8日の臨時「のぞみ315号」で営業運転を終了する計画であったが、COVID-19感染拡大を防止するため設定が取り消しとなってしまった。このため最終営業運転は、3月1日に新大阪～東京間で設定された団体臨時列車となっている。

2005年10月7日　写真／南川晃三

N700系
9000番代　Z0編成

JR東海

登場年 2005年
運用線区 東海道・山陽新幹線
最高運転速度 300km/h

N700系は「次世代の700系」として「最新・最良のハイテク車両」を目指して、2002年に開発が決定した。

N700系は700系と同じく、JR東海とJR西日本による共同開発という方式が採られた。そして量産先行試作車として、2005年3月にZ0編成がJR東海所属車両として登場した。

Z0編成は2005年4月に走行試験を開始し、量産車の仕様を模索した。なお、100系以降700系までの量産先行試作車は、量産車の登場後には量産化改造され、営業運転に使用されていた。しかし、N700系Z0編成は、走行試験途中の2006年に営業転用することなく試験車として使用を継続することが発表された。これには量産車との仕様差が多く、改造にコストがかかることや、当時試験車として使用されていた300系J1編成の後継車両として技術開発に使用する狙いがあった。

N700系量産車登場後も試験車として残ったZ0編成は、2014年5月にX0編成に改造された。のちにN700Sに採用された技術の検証試験などに供され、2019年2月に廃車となった。廃車後はリニア・鉄道館に1・8・14号車が展示されている。

2009年11月21日　写真／村松且富

N700系 0・3000番代

Z編成（0番代）・
N編成（3000番代）

JR東海　JR西日本

登場年 2007年
運用線区 東海道・山陽新幹線
最高運転速度 300km/h

N700系量産車は、Z0編成の走行試験の結果を反映して2007年に登場した。

N700系の特長は、新幹線車両として初めて車体傾斜装置を導入したことだ。車体傾斜装置により遠心力を打ち消すことで曲線制限を緩和し、さらに起動加速度を向上させた。これにより、東海道新幹線区間では速度向上なしに、所要時間の短縮に繋げている。なお山陽新幹線区間は曲線半径が大きいことから車体傾斜装置は使用せず、300km/h運転が可能になっている。

量産車では全車両が禁煙車として設定され、3・7・10・15号車に喫煙コーナーが設置された。またモバイルコンセントはグリーン車の全席と、普通車の窓下腰部分と妻部の計753か所に設置された。

2007年7月1日のダイヤ改正から営業運転に投入された。N700系は、JR東海所属車両はZ編成（0番代）、JR西日本車両はN編成（3000番代）に区分された。このダイヤ改正時点では4往復の「のぞみ」に充当され、以降は2012年3月までにZ編成80本、N編成16本が導入された。

2014年5月からはN700Aの一部機能を反映する改造工事が始まり、Z・N編成は段階的にX・K編成化された。

2020年12月6日　写真／浅山雅弘

N700A

G編成（N700系1000番代）・F編成（N700系4000番代）

JR東海　JR西日本

登場年 2012年
運用線区 東海道・山陽新幹線
最高運転速度 300km/h

N700A（N700系1000・4000番代）はN700系0・3000番代のマイナーチェンジ車両として、2012年8月にJR東海所属のG編成が先行して登場した。「N700A」の「A」は、Advanceの頭文字を取っており、「進化したN700系」を意味している。

N700系の営業運転開始後も、Z0編成を使用した技術開発は継続された。N700AはN700系導入後に実用化された技術を量産車に反映した車両である。

N700Aでは、高速列車の安全の根幹である“止める性能”を重点的にN700系から変更されている。ブレーキ性能を強化するため、ブレーキディスクの締結方法は安定して高い摩擦力が得られる中央締結方式が採用された。また地震ブレーキは、非常ブレーキよりも出力を高めたブレーキ指令を出力することで、停止距離を短縮させることに成功している。

N700Aは2020年3月までにJR東海所属G編成51本と、JR西日本所属F編成24本が導入された。増備段階でブレーキパッドはさらに改良されており、既存のN700Aにもその改良は波及した。そのため、N700Aの“止める性能”は全編成で共通したものになっている。

2017年6月15日　写真／森嶋　猛

N700系 2000・5000番代　X編成（2000番代）・K編成（5000番代）

JR東海　JR西日本

登場年 2013年
運用線区 東海道・山陽新幹線
最高運転速度 300km/h

2012年に登場したN700系のマイナーチェンジ車両であるN700Aでは、安全性の向上として中央締結ブレーキディスクや地震ブレーキの採用、安定性の向上として低速走行装置の採用や台車振動検知、快適性の向上として車体傾斜区間の延長が盛り込まれた。

これらの機能は、既存車であるN700系にも反映されることが2012年に発表された。この改造により、車両性能はN700Aと同等となり、改造期間を含めても新車の導入よりも早いペースで車両性能の統一が可能となった。

2013年度から始まった改造工事により、Z・N編成は順次X・K編成に編成記号を変更、区分番代も2000・5000番代に改番された。改造に合わせシンボルマークも変更され、Advanceを意味する「A」が既存マークに追加された。

2020年7月からはN700Sの営業運転開始により、X編成で廃車が発生した。2023年12月現在では約半数のX編成が廃車となっている状況だ。

また2021年度からは、一部のX編成とすべてのK編成を対象に、N700Sの技術を反映する改造工事が進行している。

2018年12月24日　写真／浅山雅弘

N700S
9000番代　J0編成

JR東海

登場年 2018年
運用線区 東海道・山陽新幹線
最高運転速度 300km/h

2000年代初頭の技術から生まれたN700系は、質と量で東海道・山陽新幹線の基幹形式に成長した。N700系の登場以降は、Z0編成の走行試験で実用化の裏付けが得られた機器、機能を反映して、N700Aに実装されるというバージョンアップが行われ、東海道・山陽新幹線の営業用車両は進化を遂げた。

しかし、2010年代も後半になると、N700系に新しい技術を反映するという方式に限界を迎えた。そこで、N700系に代わるフルモデルチェンジ車両として開発されたのがN700Sだ。J0編成は、2018年3月に登場した。

これまで量産先行試作車は営業用に転用するのが通例であったが、N700系Z0編成は試験専用車化された。さらにN700S J0編成は「確認試験車」という、これまでの例にはない車両として位置付けられた。これは量産車の仕様決定と、試験車という事業用車の一面を両立させるものだ。このためJ0編成は当初から営業運転への転用は考慮されていない。

写真は2018年9月から12月にかけて、8両編成に組成されて基本性能試験をしていたときの様子。

2021年6月10日　写真／宮澤雄輝

N700S 0・3000番代

J編成（0番代）・H編成（3000番代）

JR東海　JR西日本

登場年 2020年
運用線区 東海道・山陽新幹線
最高運転速度 300km/h

N700Sは2020年7月1日に営業運転を開始した。車両形式であるN700Sには、東海道・山陽新幹線の営業用車両とのブランドネームとなった「N700」に、最高の新幹線車両を意味するSupremeの頭文字である「S」を冠したものとなっている。

N700Sのメカニズム最大の特長は、各M車に自車用の主変換装置（CI）が搭載可能になったことだ。N700SではCI、さらに主変圧器（MTr）が小型軽量化されたことで、N700系では成し得なかったMTrとCIの同一車両搭載が可能になった。これにより床下機器の搭載パターンは単純化され、さまざまな編成パターンを組むことも可能になった。

N700Sは2020年7月から営業運転を開始し、2023年12月現在、JR東海所属のJ編成40本と、JR西日本所属のH編成3本が営業運転に投入されている。増備段階の変化として、J13編成およびH3編成以降の車両は11号車客室内車椅子スペースが拡大されており、座席定員が減少している。また一部編成の7号車の旧喫煙ルームを改造して試行されたビジネススペースは、全編成を対象に改造工事が進行している。

2023年6月14日　写真／富田松雄

800系
0番代　U編成

JR九州

登場年 2003年
運用線区 九州新幹線
最高運転速度 260km/h

九州新幹線は2004年3月に新八代～鹿児島中央間が先行して開業した。開業にあわせてJR九州が初めて開発した新幹線車両が800系0番代だ。

800系は6両編成で構成されており、客室はグリーン車のないモノクラス編成となっている。座席配置は全車通路を挟んで片側2列座席となっており、全体的にゆったりとしたつくりが特長となっている。

車両はJR東海とJR西日本が共同開発した700系をベースにして、700系の4両1ユニットを3両1ユニットとしている。台車はJR西日本で採用実績のある軸梁式が採用されており、走行システムは「ひかりレールスター」用のE編成（700系7000番代）に近い。またパンタグラフは、JR東日本がE2系1000番代で採用した低騒音シングルアーム式パンタと、低騒音碍子が採用されている。これにより碍子カバーや2面側壁の省略が可能になり、軽量化が図られている。

九州新幹線全線開業以降は「つばめ」のほか「さくら」にも充当されることから、車体にあしらわれていた「つばめ」の文字は、在来線特急との共通デザインである「アラウンド九州」に順次変更されている。

2023年6月14日　写真／富田松雄

800系
1000・2000番代　U編成

JR九州

登場年 2009年
運用線区 九州新幹線
最高運転速度 260km/h

九州新幹線では、2004年の開業にあわせて800系0番代を5編成投入した。2005年からは全般検査が発生することから、予備車確保の目的で、計画通り800系0番代のU006編成が投入された。

2009年から増備が始まった800系3編成は、2011年3月に予定されていた九州新幹線博多開業による輸送力増強を目的としたものだ。

800系増備車は800系1000番代および2000番代に区分されており、「新800系」とも呼ばれている。800系0番代の仕様を踏襲しつつ、山陽新幹線区間への乗り入れを考慮した仕様になっている。また内装や外装は、0番代から一新したものが採用されている。

区分番代が1000番代と2000番代に細分化された理由は、検測機能の分割である。九州新幹線では営業車検測が行われており、0番代ではU001編成に電気・軌道検測機能があった。増備車では、1次車U001編成に代わり軌道検測機能を持つ編成を1000番代、電気検測機能を持つ編成を2000番代に区分した。U007編成とU009編成は軌道検測、U008編成は電気検測を担当している。

2023年8月24日　写真／小林　航

800系
U編成　「GO! WAKUWAKU SMILE」

JR九州
登場年 2023年
運用線区 九州新幹線
最高運転速度 260km/h

九州新幹線では各業界とのタイアップ企画として、ラッピング編成を期間限定で設定してきた。

2023年12月現在最新のラッピングは、8月24日から12月中旬までの予定で行われている「GO! WAKUWAKU SMILE」ラッピングだ。このラッピングはU009編成の1号車と6号車の側面をディズニーの人気キャラクターで彩っている。また車内広告枠もディズニーが使用しており、QRコードを読み込むことで、個人の端末でディズニーの楽曲を楽しむことができる。

充当される列車はJR九州のホームページで公開されており、ラッピング車両を狙って乗車することも可能だ。

800系を使用したラッピング列車では、2021年3月14日にU004編成を用いた九州新幹線全線開業10周年記念イベント「流れ星新幹線」が設定されたことも記憶に新しい。このイベントでは車内にLEDのムービングライトやバーライトを搭載して、夜間走行の新幹線をあたかも流れ星のように演出するというものであった。このイベント列車は利用者を乗せないものであったが、ラッピングそのものは5月末まで継続された。

2021年7月29日　写真／大塚喜也

N700系 7000・8000番代

S編成(7000番代)・R編成(8000番代)

JR西日本　JR九州

登場年 2008年
運用線区 山陽・九州新幹線
最高運転速度 300km/h

九州新幹線は2011年3月のダイヤ改正で博多〜新八代間が開業し、鹿児島ルートの全線が開業した。

全線開業後に行われる山陽新幹線との相互乗り入れ用の車両としては、2007年に営業運転を開始していたN700系が抜擢された。最終的な仕様を決定させる目的で、2008年10月に量産先行車という位置付けでJR西日本所属のS1編成（N700系7000番代）が登場した。

S編成はN700系16両編成をベースとして、最高運転速度は山陽新幹線区間を300km/h、九州新幹線区間を260km/hとしている。

内装では、指定席を「ひかりレールスター」で好評を得たサルーンシートをベースに、バネ構造を変更して座り心地を向上させている。また半室構造ではあるがグリーン席も設定され、山陽・九州新幹線のスタンダード車両としてふさわしい設備が盛り込まれた。

JR西日本所属のS編成、JR九州所属のR編成の量産車は、2010年に登場した。最終的にはS編成19本とR編成11本が出揃い、「さくら」「みずほ」の全列車と一部の「つばめ」や「こだま」で運用されている。

2011年2月20日　写真／宇都宮照信

N700系 8000番代

R10編成　「祝!　九州縦断ウエーブ」CM撮影ラッピング

JR九州

登場年 2011年
運用線区 九州新幹線
最高運転速度 285km/h

2011年3月12日に全線が開業した九州新幹線では、開業を記念するテレビコマーシャルが撮影された。2011年2月20日にR10編成がラッピングされ、鹿児島中央〜博多間を撮影用として走行、熊本総合車両所〜熊本間、熊本〜鹿児島中央間、博多〜熊本総合車両所間はラッピング仕様のまま運転された。

車体装飾は8・7・6号車と1号車の両側面にあり、8号車には開業のキャッチコピーである「祝!　九州」、7号車には「CM撮影中!」、6号車には「手を振ってください!」、1号車には「ありがとう!」というメッセージが撮影側である上り列車の進行方向左側のみに入れられた。

コマーシャル撮影は、広く一般参加を募集した大規模なスケールで進められた。列車内には6台のテレビカメラが搭載されたほか、沿線各所にも多数のカメラが設置され、車内からの様子や沿線で盛り上がる状況が撮影、記録されている。

完成したコマーシャルは開業直前の3月4日から放映が始まったが、3月11日に発生した東日本大震災により放映は中断。その後は動画配信サイトで公開され、大きな反響とともに高い評価を得た。

2022年10月12日　写真／秋山直輝

N700S
8000番代　Y編成

JR九州

登場年 2022年
運用線区 西九州新幹線
最高運転速度 260km/h

2022年9月23日に開業した西九州新幹線では、開業用の車両としてN700Sを6両編成にリファインして、N700S 8000番代に区分、Y編成として投入した。

西九州新幹線は、整備計画時点では新幹線鉄道規格新線方式（スーパー特急方式）による建設であったが、のちに軌間可変電車方式（フリーゲージトレイン）による在来線区間との直通運転に計画が変更された。しかし技術開発の遅れ、難航からフリーゲージトレインによる整備は破棄され、武雄温泉～長崎間がフル規格による整備となった経緯がある。

Y編成はN700Sを16両編成以外の編成構成にした初めての例だ。編成出力を確保するため両先頭車も電動車となっていることが特徴で、搭載スペースの関係から1・6号車のCIは2号車に搭載されている。

Y編成では、東海道・山陽新幹線用のJ編成で導入された機能設備のうち、車体傾斜装置や定速走行装置、車内販売準備室、喫煙ルームなどが省略されている。

電気検測や軌道検測については、九州新幹線と同じく営業車検測が行われるスタイルになっており、Y1・Y3編成に軌道検測、Y2編成に電気検測機能がある。

2022年8月7日　写真／宇都宮照信

N700S 8000番代

Y2編成「HAPPY BIRTHDAY!」

JR九州

登場年 2022年
運用線区 西九州新幹線
最高運転速度 260km/h

2022年9月23日の開業を控えた西九州新幹線では、開業を記念したイベントを「私たち、かもめ。」のキャッチコピーで展開した。このイベントでは、新たに誕生する西九州新幹線「かもめ」を、西九州新幹線の各駅や関係する港で、全国から募った1日限りの「かもめ楽団」の演奏・演技により祝うという趣向であった。

このイベントは8月7日にラッピングが施されたN700S Y2編成を、大村車両管理室～新大村～武雄温泉～長崎という経路で走行させ、各駅のホームで選抜されたチームによる演奏で列車を出迎えるというものだった。演奏を担当する以外にも広く一般参加者を募った結果、応募総数は定員の3.5倍となる人気となり、西九州新幹線開業という大イベントを楽しもうという流れを感じさせた。

Y2編成には、1号車の側窓下から車両肩部分にかけての部分が赤色にラッピングされ、白色文字で「HAPPY BIRTHDAY!」の文字が入れられた。車体側面をメッセージエリアとするのは、2011年2月に実施された『祝!九州縦断ウエーブ』のCM撮影でも見られたもので、Y2編成では両側面にメッセージがあしらわれた。

2023年9月23日　写真／編集部

N700S 8000番代

Y2編成「GO WEST号」

JR九州

登場年 2023年
運用線区 西九州新幹線
最高運転速度 260km/h

2023年9月に開業1周年を迎える西九州新幹線では、JR九州の主催による1周年記念イベントが行われた。

西九州新幹線は武雄温泉～長崎間に中間駅3駅を設置する最も短い新幹線路線だ。始発駅と終着駅を含めても5駅しかないことから、1日あれば全駅での下車乗車も可能となっている。

このような路線の短さを逆手に取り、5駅同時にイベントを行うことで、沿線も含めて開業1周年を祝うというものであった。利用者もともに楽しむという趣向はJR九州の得意技だ。2021年には九州新幹線全線開業10周年記念の「流れ星列車」、2022年には西九州新幹線開業記念の「かもめ楽団」という実績があった。

西九州新幹線開業1周年記念では、臨時列車「GO WEST号」に充当するY2編成を秘密裏に“メイクアップ”するラッピングがおこなわれた。両先頭車のライトケースにはアイシャドウが施され、ノーズ先端部には口紅が装飾されている。

ラッピングされたY2編成は2023年9月23日に運行された「GO WEST90・91号」充当された。当面はこのままの姿で運用される計画だ。

1984年4月12日　写真／RGG

200系
E編成

国鉄　JR東日本

登場年 1980年
運用線区 東北・上越新幹線
最高運転速度 210km/h

東北・上越新幹線開業時に投入された新幹線車両は、962形による走行試験の結果を反映させた200系が投入された。

200系の特長は、徹底的な寒冷地対策と雪対策だ。積雪が車両や沿線に被害を与えた0系を教訓に、車体はボディマウント化された。また先頭部のスノープラウは、線路内の積雪を「掻き分け」「掬い」「跳ね飛ばす」角度が絶妙に計算されたものになっている。これらによる重量増加を抑えるため、車体はアルミ合金が採用された。

東北・上越新幹線の沿線環境は、東海道・山陽新幹線とは大きく異なり、寒冷地における車両性能確認や降積雪に対する確認も必要であった。このため、200系は1980年に4本が1次車として製作され、仙台と新潟に2本ずつ配置された。

1980年度の冬から1次車の走行試験は始まり、1981年に入ると開業時に必要となる2次車以降の編成の搬入が仙台と新潟で順次始まった。

開業にあわせて投入された200系量産車はE編成に区分された。東北・上越という2系統路線で効率の良い車両運用を組むため、車内設備や性能は例外なく統一され、39編成が投入された。

1987年4月23日　写真／RGG

200系
F編成

国鉄　JR東日本

登場年 1983年
運用線区 東北・上越新幹線
最高運転速度 275km/h

200系E編成は1983年12月までに6次39編成が登場した。このうち、1983年11月から12月にかけて投入された6次車E37～39編成からは、東北新幹線区間での速度向上に対応するため、区分番代を1000番代として登場した。1000番代は、230km/h程度までの速度向上に対応した車両だ。また、1984年6月から投入が始まった編成は、7次車1500番代に区分され、機器配置の見直しによる定員変更や、240km/h程度までの速度向上に対応する仕様となり、新たな編成記号となるF編成に区分された。

1985年3月ダイヤ改正で、東北新幹線の上野開業にあわせ、「やまびこ」で最高運転速度を従来の210km/hから240km/hに向上することが決定した。1984年度にはE編成6次車も相次いでF編成に改造のうえ編入された。

F編成はさらに8・9次車として7本が追加され、新製のF編成は18本となった。

1990年3月ダイヤ改正では、上越新幹線「あさひ」の一部列車一部区間で275km/h運転が始まった。この速度向上に対応するため、F編成は4本が改造され、F90～93に区分された。

1991年6月8日　写真／RGG

200系
G編成

国鉄　JR東日本

登場年 1987年
運用線区 東北・上越新幹線
最高運転速度 210km/h

東北・上越新幹線の営業運転が開始すると、上越新幹線の速達タイプ列車である「あさひ」とくらべて、上越新幹線の各駅停車タイプである「とき」は乗車率に伸び悩みが確認された。

そこで1987年4月18日からは、「とき」の一部列車で1ユニット2両を減車したG編成の営業運転が始まった。E編成からG編成への組み換えは、E編成の3号車（225形）と4号車（226形）を抜き取る方法が採られ、10本のE編成がG編成化された。

10両編成に短縮された「とき」ではあったが、輸送力はこれでも過剰であった。このため1988年3月のダイヤ改正で、G編成はさらに1ユニットを減じた8両編成に組み換えられた。また1990年3月ダイヤ改正では「あおば」の一部列車にもG編成が充当されるようになった。

G編成の一部編成は予備車から再構成した編成もあり、組成に際し普通車のグリーン車化、グリーン車の半室普通車化、普通車の半室グリーン車化、普通車のビュフェ車化などの改造車が登場している。

G編成は200系1・2次車を中心にした構成であったことから、1998年以降徐々に廃車が始まり、1999年に消滅した。

1994年8月13日　写真／RGG

200系

K編成

JR東日本

登場年 1990年
運用線区 東北・上越新幹線
最高運転速度 240km/h

山形新幹線は1992年7月に営業を開始した。そこで、200系が東北新幹線内で400系とペアを組むことを考慮し、営業運転前の1990年12月に、併結に対応した編成が登場した。

併結に対応した編成は新たにK編成に区分された。併結は盛岡方先頭車のみで行われることから、分割併合システムは盛岡方先頭車に設置された。

併結作業は先に停車しているK編成に対して、400系が接近、併合されることから、K編成側は400系から発振される位置情報を応答する仕組みになっている。

K編成は、組成された1990年の段階ではG編成と同じ8両編成で構成されていたが、車両のベースは240km/h運転に対応したF編成で、それを再構成している。

K編成は1992年7月の山形新幹線開業までに11編成が登場した。さらに、1997年3月ダイヤ改正で営業が開始される秋田新幹線用のE3系とも、併結運転することが決定した。その後K編成は、輸送力を確保するため順次10両編成に増強されている。E3系「こまち」との併結は、275km/h走行できるE3系の車両性能をできるだけ活かすため、東京〜仙台間に限られた。

2012年9月26日　写真／辻森章浩

200系

K編成　リニューアル編成

JR東日本

登場年 1999年
運用線区 東北・上越新幹線
最高運転速度 240km/h

東北・上越新幹線開業時に投入された200系は、1990年度から一部の編成や車両で、イメージアップ編成という小規模なリニューアル工事が始まった。3列座席の回転リクライニングシート化や、洗面所の水栓自動化などが行われたものの、全車両への波及は見送られた。

1994年からはE1系、さらに1997年からはE2系、E4系が営業運転に加わり、200系は経年による陳腐化が否めない状況となっていた。新車投入による車両更新も進められたが、既存車両のすべてを置き換えることは困難であった。

200系はこの時点で、さらに10年程度は使用を継続させる必要があったことから、継続使用が見込まれたK編成に対して、大幅なリニューアルが行われた。普通車は一部をのぞきE4系と同じ座面スライド機能が採用された。また前面形状は空力を考慮して曲面ガラスが採用され、大胆なデザインとなった。塗装はE2系以降のJR東日本標準デザインである「紫苑ブルー」と「飛雲ホワイト」に、補助色として200系オリジナルの「緑14号」を添えたものが採用されている。リニューアルは1999年から始まり、2002年までに12本が登場した。

2012年8月28日　写真／浅山雅弘

200系

K47編成　「リバイバルカラー」

JR東日本

登場年 2007年
運用線区 東北・上越新幹線
最高運転速度 240km/h

2007年はJR発足20周年と、JR東日本が運営する新幹線路線の東北・上越新幹線開業25周年、山形新幹線開業15周年、北陸新幹線と秋田新幹線開業10周年、東北新幹線八戸延伸開業5周年のメモリアルイヤーが重なる年となった。

JR東日本では2007年に「新幹線YEARキャンペーン」を行い、発足20周年と絡めた企画やイベントを多数設定した。

この企画にリンクして、200系1編成を200系登場時オリジナルの塗色である、アイボリー（クリーム10号）とグリーン（緑14号）に変更することが2007年3月6日に発表された。復刻色を纏う栄誉に預かった編成は、リニューアル1号編成であるK47編成で、2007年5月9日に新幹線総合車両センターを出場した。

K47編成は運用を固定することなく営業運転に充当されながらも、2007年以降に設定された新幹線イベント列車に度々充当され、人気を博した。

K編成は2011年11月の運用改正で、定期列車としての充当を上越新幹線系統の「たにがわ」「とき」に特化された。K47編成は200系の営業最末期まで残り、2013年4月に廃車されている。

1987年8月29日　写真／RGG

200系 2000番代

F52・F58編成 ピンストライプ 平屋編成

国鉄　JR東日本

登場年 1987年
運用線区 東北新幹線
最高運転速度 240km/h

200系の平屋車両は、1980年から1987年にかけて、10次にわたる区分で、最終的には688両が製作された。そのなかで、国鉄の最末期である1987年3月に増備された10次車は、両先頭車のみの各2両計4両が製作された小グループで、2000番代に区分された。

200系2000番代の先頭形状は1986年に量産車が登場した100系を模したロングノーズが採用された。この形状は将来の速度向上を考慮したもので、騒音対策として側窓の平滑化が図られている。

200系2000番代は、先頭車を差し替えたF52編成と、E28編成を改造して誕生したF58編成の先頭車に組み込まれた。なお、新造時の段階で帯のピンストライプが施され、外観は編成全体で統一された。これらの編成は、1991年にそれぞれ2階建て車両が組み込まれてH3・H4編成に改造され、東北新幹線東京開業時のフラッグシップ車両として活躍した。

H4編成は、2004年に16両編成から全車平屋普通車のみの12両編成に組み替えられ、波動用編成に転じた。その外観は、F編成として登場した当時の外観に近い状態であった。

1992年6月23日　写真／梶山正文

200系
200番代

H編成・F編成
先頭車化改造車

JR東日本
登場年 1988年
運用線区 東北・上越新幹線
最高運転速度 240km/h

200系は1980年から1991年にかけて700両が新製された。この内訳は221形59両、222形59両、215形57両、225形171両、226形285両、237形57両、248形6両、249形6両である。

200系は1987年にE編成からG編成への組み換えが発生したことを皮切りとして、最終形態となる10両編成化されたK編成に至るまで、幾度にもおよぶ組み換えが発生した。

減車で捻出された中間電動車は予備車として確保された。このうちの225形・226形の各7両は、編成を増強する際に不足する先頭車を補うため、1988年以降車体の一部を切除して、新たに運転台部分を接合して先頭車に改造された。改造された先頭車は、新たに221形および222形200番代として区分された。

200系200番代は、F編成とH編成の一部に組み込まれ、2006年まで活用されている。外観デザインはH編成とF編成で異なっており、H編成には帯にピンストライプが追加されている。一方F編成はピンストライプがないものの、帯の終端部の処理はラウンド形状ではなく、直線鋭角タイプになっている。

1991年1月22日　写真／RGG

200系
H編成（13両編成）

JR東日本
登場年 1990年
運用線区 東北新幹線
最高運転速度 240km/h

200系H編成は、東北新幹線「やまびこ」のグリーン車の混雑解消を目的として、1990年6月に登場した。

東北新幹線「やまびこ」では、1985年3月の上野開業により、240km/h運転を開始し、同時に停車駅を厳選したいわゆる「スーパーやまびこ」が設定された。これにより、東北新幹線は輸送サービスの質も向上し、東北の大動脈としての地位をさらに盤石なものにした。折からの好景気もあり、グリーン車の需要も増加したが、登場時からの200系はグリーン車が1形式のみであったことから、需要に応えることは困難であり、指定席の確保が難しい列車もあった。

200系の出力は0系よりも25%増強したものになっていたことから、240km/hへの速度向上後も、高速性能にはまだ余裕があった。そのため、増結車両は200系として初めてとなる普通鋼製の付随車の2階建て構造となった。

2階建て車両は2階部分を開放グリーン席、1階部分は1人用・2人用のグリーン個室と、4人用の普通簡易個室で構成された。この2階建て車両はベースとなる旧F編成の6・7号車間に1両挿入された。

1990年5月4日　写真／高野洋一

200系
H編成（16両編成）

JR東日本

登場年 1990年
運用線区 東北新幹線
最高運転速度 240km/h

1990年6月に登場したH編成は、東北新幹線「やまびこ」の課題となっていた混雑解消に貢献した。

東北新幹線東京開業では、東京駅ホームが1面2線という制約もあったことから、列車の増発という輸送力増強ではなく、既存編成の両数増加により輸送力の強化が行われた。

H編成の16両編成化は、東北新幹線東京開業に先立ち、1990年12月から順次開始された。13両編成のH編成は、E編成のG編成化により捻出された普通車1ユニット2両と、新たに製作された2階建てグリーン席・カフェテリア合造車1両が組み込まれ16両編成化された。

200系の16両編成化は初めてのパターンとなり、これにより普通車で約200名、グリーン車は40名の定員増加が実現した。

H編成は6本が組成され、「やまびこ」に投入された。1992年からはK編成用のグリーン車を確保するために、11号車グリーン車が普通車に組み換えられている。

また、H編成の一部列車では2000年12月から2003年11月にかけて、普通個室を利用してクイックマッサージサービスが設定された。

1990年11月19日　写真／RGG

400系
S4編成　量産先行車

JR東日本
登場年 1990年
運用線区 東北・山形新幹線
最高運転速度 240km/h

新在直通用車両として製作された400系は、量産先行車という位置付けで、S4編成が1990年11月に登場した。

S4編成は初めての新在直通用車両であり、各形式への付番はそれまでの例にないパターンとなった。6両編成で登場したS4編成は東京方から、401・402・403・404・405・406形式となっている。

S4編成は1992年に登場した量産型と異なり、分割併合装置を両先頭車に装備している。また新幹線区間内のホームで展開されるステップは、引き出し収納式になっている。床下機器はボディマウントではなく、吊り下げ式が採用されているが、側面と下面はカバーにより平滑化されている特徴がある。

S4編成は1990年12月から試運転を開始した。量産車の仕様決定に向けた試運転が継続された一方、1991年9月には上越新幹線区間で速度向上試験を実施、最高速度345km/hを記録している。

1992年からは量産車が順次登場し、同年6月にはS4編成も量産化改造を受け、L1編成に編入され量産車と共通運用が組まれた。その後L1編成はE3系2000番代に置き換えられ、2008年に廃車された。

2001年6月15日　写真／尾形憲昭

400系
L編成

JR東日本

登場年 1992年
運用線区 東北・山形新幹線
最高運転速度 240km/h

400系量産車は、1992年1月以降順次投入された。量産車はL編成に区分され、1992年7月の開業までに11編成が製作された。仕様は量産先行車S4編成からの変更点が多い。この変更は走行試験の結果や構造の簡略化によるものだ。床下機器カバーの平面化や、ステップのフラップ展開化はその一例といえよう。

量産車では車両形式も変更されており、東京方から401〜406形式を名乗った各車両は、登場時点ですでに採用されていた国鉄由来のパターンになっている。

号車番号は東北新幹線内で8両編成の200系K編成と併結運転を行うことを基準にしており、東京方から9号車・10号車の順になっている。普通車は10〜12号車を指定席、13・14号車を自由席として設定された。自由席車両は定員を確保するため、シートピッチは10〜12号車から70mm縮小された910mmになっている。

L編成は1992年7月に400系は「つばさ」として営業運転を開始した。当初は6両編成でスタートしたが、列車の混雑が常態化したことを受け、1995年11月以降順次普通車指定席1両を組み込み、全編成が7両編成化された。

2009年8月15日　写真／辻森章浩

400系

L編成　外観リニューアル編成

JR東日本

登場年 1999年
運用線区 東北・山形新幹線
最高運転速度 240km/h

山形新幹線は、1999年12月ダイヤ改正で新たにE3系1000番代が2本投入され、輸送力が増強された。輸送力増強に合わせ、既存車両となる400系は外観のデザインをE3系1000番代と統一したデザインに変更することで、イメージアップが図られることになった。

外観のリニューアルは、配色の基本デザインをE2系以降の標準である2色の塗り分けと補助色の挿入というパターンを踏襲したものだ。側窓下面から上部にかけては、もとよりも明るいシルバーに変更され、裾部分はフル規格車両で採用例のないグレーとなった。

境界部分の補助色はグリーンとなり、東北新幹線との一体感が見て取れる。また11号車と16号車に掲出されているシンボルマークは、車両形式である「400」をデザイン化したものから、「水鳥などの大きな翼」をモディファイしたデザインに変更された。羽ばたく翼には列車名である「TSUBASA」が組み合わされたものになり、外観は大きく変化した。

400系の外観リニューアルは1999年12月に全般検査出場したL4編成から始まり、2001年9月に完了した。

2001年3月3日　写真／高野洋一

E1系
M編成

JR東日本

登場年 1994年
運用線区 東北・上越新幹線
最高運転速度 240km/h

E1系は、全車2階建て構造とすることで定位員を確保するという、輸送力特化型車両として1994年に登場した。

E1系は12両編成で、各車両の台車間を2階建てとしている。車両の制御に必要となる機器類は、車端部や階段下に集約する構造で、限られたスペースを有効利用している。

車両形式は計画段階で600系として発表されたが、製作段階で車両形式の見直しが行われ、JR東日本オリジナルとなるEを含む4桁のものを採用、E1系となった。

車両の愛称は落成時点で“Double Decker Shinkansen”を略した“DDS”であったが、営業運転開始前に“Multi Amenity Express”を略した“Max”に変更されている。

E1系は1994年7月から東北新幹線「Maxやまびこ」の2往復と「Maxあおば」の上り1本、上越新幹線「Maxあさひ」の2往復と「Maxとき」の上り1本で営業運転を開始した。充当される列車は通勤時間帯の最混雑列車と、ビジネス需要の高い午前中に東京を出る下り列車であった。

E1系は1995年11月までに6編成が増備され、東北・上越新幹線で活躍した。

2012年8月15日　写真／小柳　啓

E1系

M編成　リニューアル編成

JR東日本

登場年 2003年
運用線区 上越新幹線
最高運転速度 240km/h

E1系は1994年から1995年にかけて6編成が製作され、東北・上越新幹線の混雑列車を中心に投入された。

E1系は1999年12月のダイヤ改正で東北新幹線系統の列車への充当が終了し、活躍の場を上越新幹線系統に完全移行した。

営業運転開始から10年を迎えた2003年10月からは、内外装のリニューアルが開始された。内装はE4系に準じた座席に交換され、モケットデザインも一新された。外観は上部「スカイグレー」、下部「シルバーグレー」、帯色「ピーコックグリーン」という組み合わせから、E2系以降のJR東日本標準パターンである「紫苑ブルー」と「飛雲ホワイト」の組み合わせに、補助色をピンク色系統の「朱鷺色」として上越専用をアピールしている。E1系のリニューアルは内装と外装を別工程として順次施工、2006年6月に全編成で完了した。

2012年からはE4系への置き換えが始まり、定期列車への充当は同年9月28日に終了した。そして10月28日の団体列車を最後に営業運転の幕を下ろした。

現在、M4編成の1号車であるE153-104が鉄道博物館に展示されている。

1995年7月22日　写真／梶山正文

E2系

S6・S7編成　量産先行車

JR東日本

登場年 1995年
運用線区 東北・上越・北陸新幹線
最高運転速度 275km/h

E2系は建設基準や線路条件に制約のある整備新幹線区間と、速度向上が必要な東北新幹線の両方に適応する車両として1995年に登場した。

E2系ではS6編成とS7編成の2本が量産先行車として製作された。この2本の基本性能は同一であり、東北新幹線内でE3系を併結する機能を装備した編成をS7編成として区分している。

E2系の特長は電源周波数の50/60Hz対応や連続急勾配対策である。また東北・上越新幹線開業以来使用されてきた200系の置き換えも視野に入れられており、JR東日本の次世代新幹線車両の基本型としての位置付けもあった。

約2年にわたる走行試験で量産車の仕様が決定され、E2系は量産車として北陸新幹線用N編成と、分割併合装置本装備のJ編成が1997年以降順次製作された。

量産先行車の2編成は1997年に相次いで量産化改造され、S6編成はN1編成に、S7編成はJ1編成にそれぞれ改番された。なおJ1編成は2002年10月にN編成に編入、N21編成となった。両編成ともE7系に置き換えられ、N1編成は2014年7月、N21編成も2015年1月に廃車された。

2015年9月19日　写真／小柳　啓

E2系
J編成・N編成

JR東日本
登場年 1997年
運用線区 東北・上越・北陸新幹線
最高運転速度 275km/h

E2系の量産車はS6・S7編成の走行試験の結果をフィードバックして、分割併合装置本設置のJ編成が1996年12月、北陸新幹線用N編成は1997年3月にそれぞれ登場した。

E2系の量産車は、S7編成を使用した先頭形状変更走行試験の結果が反映され、トンネル微気圧波対策に効果のあることが確認された、膨らみのある緩やかの曲線を持つ形状に変更されている。またパンタカバーは、量産先行車と同じ2両クローズ方式ではあるが、STAR21（952・953形）の走行試験で開発された低騒音形パンタカバーに変更されるなど、外観は大きく変化している。

東北新幹線内でE3系と併結運転をおこなうJ編成と北陸新幹線用のN編成は、同一のインテリア、エクステリアになっており、外板塗色は量産先行車と同じく「紫苑ブルー」と「飛雲ホワイト」、補助色を「深紅レッド」としている。また1号車と7号車には「そよ風」をイメージするシンボルマークが貼付されている。

J編成は1997年3月のダイヤ改正で営業運転を開始、N編成も1997年10月の北陸新幹線開業時に営業運転を開始した。

2018年4月19日　写真／加藤瑠輝乃

E2系

J編成　10両編成化編成

JR東日本

登場年 2002年
運用線区 東北・上越新幹線
最高運転速度 275km/h

1997年3月に営業運転を開始したE2系J編成は、東北新幹線宇都宮以北の区間で最高運転速度を275km/hに向上し、東京～盛岡間の最速所要時間は2時間21分となった。

E2系J編成は8両編成であったことから、時間帯によっては指定席の確保が困難な列車も見られるようになった。そこで、東北新幹線八戸延伸開業となる2002年12月ダイヤ改正で、J編成は中間車2両を増結し10両編成化されることが決定した。

10両編成化用として新たに製作された2両の中間車はいずれも普通車だ。外観は同時期に登場したE2系1000番代と同じく、側窓は2列で1枚の「大窓」スタイルになっていることが特徴だ。10両編成化に合わせた変更として補助色は「深紅レッド」から「躑躅(つつじ)ピンク」に変更された。またシンボルマークも「そよ風」から「りんご」をモチーフとしたものに変更された。

J編成の10両編成化は、量産先行車のJ1編成をのぞく14編成を対象に行われた。2002年11月以降順次始まった10両編成化により、装いを改めたJ編成はE2系1000番代と共通運用を組み、2019年8月まで営業運転で使われた。

2021年8月3日　写真／小柳　啓

E2系
1000番代　J編成

JR東日本

登場年 2001年
運用線区 東北・上越新幹線
最高運転速度 275km/h

東北新幹線では2002年度の開業を目指して、盛岡〜八戸間の延伸工事が進められていた。八戸延伸開業の輸送力増強用として、2001年1月にJ51編成がE2系1000番代量産先行車として登場した。

E2系1000番代のコンセプトは0番代を踏襲したものになっているが、主回路のメカニズムについては、E2系実用化後に開発されたものに置き換えられている。

E2系1000番代は、200系の置き換え用として東北・上越新幹線専用とされ、電源周波数は50Hz専用になっている。

J51編成は8両編成で構成されていた。車両設計段階では需要に応じて分割併合することが検討されていたことから、J51編成もE4系と同じように両先頭車に分割併合装置を本設置している。しかし車両が登場した直後に10両編成化が決定し、1号車の分割併合装置は使用されることなく量産車への波及は見送られた。

E2系1000番代の量産は2002年7月から始まった。同年12月の八戸開業時には4編成が登場、E2系0番代と共に「はやて」を中心に活躍を開始した。増備は中断期間があったものの、2010年まで続き、量産車は24編成が製作された。

2022年10月1日　写真／半沢崇拓

E2系 1000番代

J66編成「200系カラー」

JR東日本

登場年 2022年
運用線区 東北・上越新幹線
最高運転速度 275km/h

E2系1000番代は、2019年3月から廃車が徐々に進行している。上越新幹線系統では2023年3月のダイヤ改正で営業運転が終了し、それ以降は定期旅客列車としての運転は東北新幹線東京～仙台間のみになっている。

一時代を築いた車両が第一線を去りゆくという、寂しい話題が続くE2系1000番代ではあったが、2022年5月にはJ66編成を200系カラーに装いを改めるという衝撃的なニュースが飛び出した。これは2022年が鉄道開業150周年であることの記念事業の一環で実施されたもので、発案そのものはJR東日本社員によるものであった。

全般検査に合わせて施工された200系カラーは、車体間前後ダンパやパンタグラフも含めて200系カラーが再現されている。その再現度の高さは鉄道ファンのみならず、一般にも大きな話題となった。

折しも2022年はJR東日本の新幹線が一斉に周年を迎える「新幹線イヤー」であった。J66編成はこれを記念するイベント列車への抜擢はもちろん、定期列車としても投入されている。2023年現在もE2系1000番代で最も注目を集める編成といっても過言ではない。

1995年4月6日　写真／RGG

E3系

S8編成　量産先行車

JR東日本

登場年 1995年
運用線区 東北・秋田新幹線
最高運転速度 275km/h

E3系S8編成は秋田新幹線開業時に投入する新在直通用車両の量産先行車としてとして、1995年3月に登場した。

先頭形状は、新幹線区間での最高運転速度を275km/hに設定していることから、高速度走行におけるトンネル微気圧波対策として、断面変化率が極力一定になるように考慮されている。標識灯は運転台上部にシールドビーム4灯を水平に配置し、前面ガラス下部にHID灯を2灯水平配置している。5両編成で構成されており、東北新幹線内では同時期に開発されたE2系や200系との併結が可能になっている。

車体の素材には、軽量化と腐食対策としてアルミ合金が採用されている。床下機器は車体吊り下げ式で、側面や底面をカバーで覆うことで雪の侵入を防止する構造が採られている。

S8編成は1997年3月に量産化改造を受けR1編成に変更された。以降は量産車と共通で営業運転に投入された。

量産化改造後も特徴あるライト配置に変更はなく、一見して量産先行車とわかる外観が維持された。E3系R編成のなかでも一際目立つ存在であったが、2013年7月に廃車となった。

2013年9月28日　写真／村松且富

E3系
R編成

JR東日本

登場年 1996年
運用線区 東北・秋田新幹線
最高運転速度 275km/h

E3系量産車は、量産先行車S8編成を使用した走行試験の結果をフィードバックして、秋田新幹線開業の約半年前となる1996年10月から順次落成した。E3系量産車はR編成に区分された。1997年3月の秋田新幹線開業までに15編成が製作され、16編成体制で開業を迎えた。

車体断面形状は量産先行車から変更はない。一方、前面形状については量産先行車からさらに膨らみを大きくすることで、トンネル微気圧波対策と車外騒音対策の深度化が図られている。標識灯配置は、とくに在来線区間の視認性を向上させる目的から、配置や構成が大幅に見直され、前面ガラスよりも低い位置にHID灯でシールドビームを挟む構成とされている。

1997年3月の営業運転開始時は5両編成であったが、好調な乗車率を反映して1998年10月からは順次普通車1両を増結した6両編成となった。また増備車として1998年に1本が追加。さらに2002年度から2005年度にかけて9本が追加投入され、量産先行車を含め26編成体制が構築された。

2013年度からはE6系への置き換えが始まり、初期投入車は廃車された。

2015年2月1日　写真／浅山雅弘

E3系 1000番代　L51〜L53編成

JR東日本
登場年 1999年
運用線区 東北・山形新幹線
最高運転速度 275km/h

山形新幹線は奥羽本線の福島〜山形間を改軌して、1992年7月に開業した。山形以北の区間は、山形駅で特急「こまくさ」に対面乗り換えすることで利便性が確保されていたが、山形新幹線の延伸による直通化を望む声は高まった。

1997年2月には待望の新庄延伸が発表され、1999年12月に山形〜新庄間が延伸営業開始された。新庄延伸に伴い輸送体系に大規模な変更は生じていないが、列車の増発や運転時間の関係から車両増備が必要となり、1997年に営業運転を開始した新在直通用車両の第2世代であるE3系が抜擢された。

山形新幹線用のE3系は、新たに1000番代に区分された。編成記号は400系と同じL編成のままであったが、番号は新たに50番代に区分、1999年12月時点でL51・52編成の2本が投入された。

山形新幹線用のE3系1000番代の基本性能はE3系0番代と同一になっている。一方内装については、既存400系との共通運用を考慮した変更が取り入れられていることが特長になっている。

E3系1000番代は2005年にさらに1本が増備、最終的に3本が新製された。

2016年7月17日　写真／小柳 啓

E3系
2000番代　L編成

JR東日本
登場年 2008年
運用線区 東北・山形新幹線
最高運転速度 275km/h

2007年7月に400系の置き換えが発表された。そのために、新庄延伸開業時に投入されたE3系1000番代をベースにしたE3系2000番代が新たに開発された。

E3系2000番代は、乗り心地の向上を目的としてアクティブサスペンションを全車に搭載している。またセキュリティ対策として、デッキ部分に防犯カメラが設置されている。さらに客室内設備では、グリーン車の全座席と普通車の客室妻部と窓下腰部分にモバイルコンセントを設置することで、電子機器の利用への対応が図られた。

客室構成は7両編成で、グリーン車1両と普通車6両という組み合わせに変更はない。E3系1000番代までは16・17号車が自由席として設定されていたことから、シートピッチが詰められていたが、E3系2000番代の普通車では、すべて980mmに統一されている。

外観デザインは既存車を踏襲しているが、標識灯配置とカバーの形状が直線基調から涙滴形状に変更されている。

E3系2000番代は2008年12月から400系を置き換えて営業運転を開始した。2010年7月までに、計画されていた12編成が出揃っている。

2021年5月16日　写真／繩野裕一

E3系 1000番代

L編成 リニューアル塗装

JR東日本

登場年 2014年
運用線区 東北・山形新幹線
最高運転速度 275km/h

山形新幹線用のE3系1000番代は5本が投入されている。このうちL51～53の3本は新製車であるが、L54・55の2本は秋田新幹線用E3系（R編成）を転用改造した車両である。R編成を転用したL編成は、1999年に投入されたL51・52編成を置き換える目的で投入された。車両性能に差はなく、メンテナンスに必要となる消耗品も互換性が持たされている。

2014年に始まった外板のリニューアルは1000番代も対象となっており、1000番代の新塗装は、R編成から転用改造されたL54編成が最初だった。

リニューアルでは、11号車と16号車に掲出されていたシンボルマークの「水鳥の羽ばたく翼」が、掲出される4か所でそれぞれ異なるデザインに変更された。

シンボルマークは山形の美しい四季を表現する4パターンのデザインになっている。11号車の下り進行方向右側面は「春」をイメージとした「桜と蕗の薹」、左側面は「夏」をイメージとした「紅花とさくらんぼ」が描かれている。また16号車の下り進行方向右側面は「秋」をイメージとした「稲穂とりんご」、左側面は「冬」をイメージとした「蔵王の樹氷」が描かれている。

2018年9月23日　写真／村松且富

E3系 2000番代 L編成 リニューアル塗装

JR東日本

登場年 2014年
運用線区 東北・山形新幹線
最高運転速度 275km/h

2008年12月に営業運転を開始したE3系2000番代は、外観は既存車に倣うものであった。一方内装については調度品や座席のモケット、ロールカーテンのデザインが、山形県に所縁の深い地場産品や自然、農産物などをモチーフにしたものになっており、当時の最新車両と地域性が巧みに融合されている。

2014年はデスティネーションキャンペーンの舞台が山形県となり、山形新幹線の魅力をさらに高める目的から、山形新幹線用E3系のエクステリアデザインを全面的に変更することが発表された。

車体側面のメインカラーは蔵王の雪をモチーフとした「蔵王ビアンコ」、前面から屋根部分を占める紫色は山形県の県鳥であるオシドリをモチーフにした「おしどりパープル」とされた。また、側面帯は県花に指定されている紅花の生花が持つ黄色「紅花イエロー」をベースに、染料加工されると赤色の「紅花レッド」に変化する様子がグラデーションで表現されている。

新塗装化は2014年6月から開始され、2016年11月までに全編成がリニューアルを終えた。このうちL66編成は2023年2月にオリジナルカラーに復元されている。

2015年2月7日　写真／加藤瑠輝乃

E3系 700番代

R18編成
「とれいゆ」

JR東日本
登場年 2014年
運用線区 東北・山形新幹線
最高運転速度 275km/h

E3系700番代「とれいゆ」は、新幹線初となる「乗ること自体が目的となる列車」として、2014年7月に登場した。車両のベースは秋田新幹線用のE3系である。改造により区分番代は全車700番代に改番されているが、編成記号や番号は種車のままR18編成となっている。

デザインは月山をモチーフに、その姿をおおらかな円弧で表現。前面の青は最上川をイメージしたものだ。

旧グリーン車は座席を含めそのまま転用されているが、区分は普通車だ。旧普通車のうち12〜14号車は回転リクライニングシートを撤去し、お座敷席に変更、大型テーブルを配したボックス席となっている。とりわけ話題となったのは16号車に設置された「足湯」だ。循環式の浴槽が2槽設置され、車窓を楽しみながら入浴が楽しめる趣向であった。

「とれいゆ」は列車名を「とれいゆ　つばさ」として、基本的に在来線の多客臨時列車として設定された。また団体臨時列車として新幹線区間へ乗り入れる列車も頻繁に設定された。

「とれいゆ」は好評のうち2022年に営業を終了した。

2021年8月2日　写真／小柳　啓

E3系 700番代

R19編成
「現美新幹線」

JR東日本
登場年 2016年
運用線区 上越新幹線
最高運転速度 240km/h

「現美新幹線」は2016年4月に上越新幹線を中心に営業運転を開始した。登場の経緯は「とれいゆ」とほぼ同じで、「乗ること自体が旅行の目的となる、魅力的な列車づくり」として位置付けられた。

車両のベースになったのも「とれいゆ」と同じく、秋田新幹線用のE3系だ。改造により区分番代は全車700番代に変更され、製造番号は「とれいゆ」の続番となっている。また編成記号や番号は種車のR19編成がそのまま流用された。

「現美新幹線」の特徴は、全国的に有名な長岡の花火をイメージする、夜の黒と花火を表現した外板塗色だ。また車両そのものが現代美術を鑑賞する空間とされていることから、12号車と14～16号車は側窓をすべて埋めるという、これまでの営業用車両では採用されていない大胆な設計になっている。

「現美新幹線」は多客臨時列車の「とき」として越後湯沢～新潟間で2016年4月末に“開館”した。設定は週末や多客期が中心となったが、団体臨時列車として平日にも頻繁に運転された。

2020年12月に「現美新幹線」は惜しまれつつ“閉館”（廃車）となった。

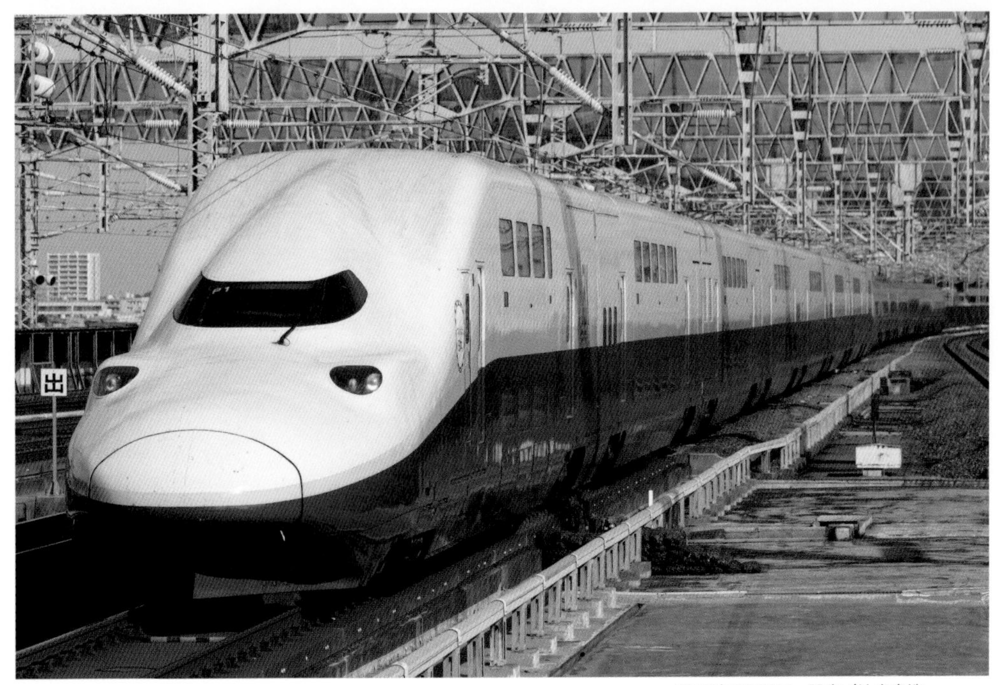

2012年9月26日　写真／辻森章浩

E4系
P編成

JR東日本
登場年 1997年
運用線区 東北・上越・北陸新幹線
最高運転速度 240km/h

E4系は1997年12月に東北新幹線で営業運転を開始した。1994年に登場したE1系は12両編成で、平屋車両16両編成分に相当する輸送力があった。しかし、ラッシュ時の輸送需要はさらに伸び、フル規格車両16両編成の2階建てが必要なレベルに達していた。一方、日中の輸送量は2階建てで8両編成、平屋でも10両編成程度であった。このように1日の流れのなかで輸送量が大きく変化する東北・上越新幹線では、E1系よりも弾力的に輸送量に対応できる車両が求められ、E1系の後継車両として8両編成のE4系がつくられた。

E4系の定員は、グリーン車54名と普通車763名の計817名で、これは平屋車両10両編成分とほぼ同一だが、E4系同士の併結運転だと定員は1634名となり、圧倒的な輸送力を発揮する編成となった。

E4系の外観は、トンネル微気圧波対策としてロングノーズが採用された。運転台部分に採用された、上部が絞られたキャノピー構造は運転士の視野確保と同時に、断面変化率をおさえる効果があった。

E4系は1997年から2003年にかけて24編成が投入され、2021年に営業運転を終えた。

2018年3月4日　写真／小柳　啓

E4系
P編成　朱鷺色

JR東日本
登場年 2014年
運用線区 上越新幹線
最高運転速度 240km/h

E4系P編成は2001年5月から2012年9月までの期間、東北新幹線系統と上越新幹線系統の混雑列車を中心に投入され、圧倒的かつ弾力的な輸送力を発揮して、着席率の向上に貢献した。

2012年9月に実施されたダイヤ改正でE4系は東北新幹線系統での営業運転を終了し、上越新幹線系統の専用車両となった。

その後2014年4月から6月にかけて、新潟デスティネーションキャンペーンが開催された。E4系は新潟DCの開催にあわせて、エクステリアデザインが変更されることが発表された。

E4系の新たなエクステリアデザインでは、補助色を「山吹イエロー」（黄色）から、E1系で使用されていた「朱鷺色」（ピンク色）に変更された。また1号車と8号車に掲出されるシンボルマークは、車両の愛称である「Max」をデザイン化したものから、「朱鷺の羽ばたく姿」に変更された。

エクステリアデザインの変更は2014年4月に始まった。変更はオリジナルカラーのまま経年廃車された2編成を除く22編成を対象に、2016年までに順次進められ、この塗装で全車引退した。

2022年8月21日　写真／半沢崇拓

E5系
U編成

JR東日本
登場年 2010年
運用線区 東北・北海道新幹線
最高運転速度 320km/h

東北新幹線では、新幹線の高速化として1997年3月にE2系による275km/h運転を開始した。東北新幹線の盛岡以北区間では2002年12月に八戸、2010年12月に新青森、さらに2016年3月には北海道新幹線として新函館北斗までの区間が開通を果たした。

さらなる列車の所要時間短縮を目指し、高速化についての基礎研究のため、2005年に高速化のプロトタイプ車両として360km/hを目指すFASTECH360S（E954形）が登場した。E5系はFASTECH360Sの成果をフィードバックしたE5系量産先行車の試験走行を経て、2010年12月に量産車が登場した。

今日の東北新幹線のフラッグシップ列車である「はやぶさ」は、2011年3月5日に営業運転が始まり、当初は最高運転速度を300km/hとして、東京～新青森間を最速3時間10分で結んだ。E5系の速度向上は、地上設備の高速化対応工事の進捗に合わせて段階的に進められた。まず最初に2013年3月ダイヤ改正で単独列車が320km/h化され、翌2014年3月ダイヤ改正で、E6系併結列車でも320km/h運転が始まっている。

2021年4月11日　写真／門田直大

E6系
Z編成

JR東日本

登場年 2010年
運用線区 東北・秋田新幹線
最高運転速度 320km/h

2002年にJR東日本部内に発足した「新幹線高速化プロジェクト」の成果として、2006年4月にE955形高速試験車（FASTECH360Z）を投入し、速度向上の実現に向けた検証が始まった。

走行試験の結果を反映して、2010年7月に秋田新幹線高速化用の量産先行車としてE6系S12編成が登場した。最高運転速度320km/hを実現するため、延長13mのロングノーズが採用された。一方で、定員をE3系と同レベルにするため、E3系R編成により1両多い7両編成になっている。また新幹線区間での走行安定性を確保するため、台車の軸距はフル規格の新幹線と同じ2500mmに延長された。

その後、約73万kmに達する長期耐久走行試験をクリアし、2012年には量産車であるE6系Z編成が登場した。

E6系は2013年3月の改正で「スーパーこまち」としてデビューし、東北新幹線区間はE5系と併結して300km/h運転を開始した。2014年3月のダイヤ改正では、所要の編成が出揃い、列車名は「こまち」に統一された。同時に東北新幹線内の速度向上に必要な設備改善が完了し、東北新幹線で320km/h運転を開始している。

2021年1月25日　写真／半沢崇拓

H5系
H編成

JR北海道

登場年 2014年
運用線区 東北・北海道新幹線
最高運転速度 320km/h

H5系H編成は北海道新幹線開業用車両として、2014年にJR北海道が投入した車両である。

外観からもわかるように、H5系はJR東日本が所有するE5系をベースに開発されたもので、基本性能や客室内設備にE5系との差はない。

エクステリアデザインのベースはE5系に倣い、車体下部を「飛雲ホワイト」、車体上部を「常盤グリーン」としている。一方、補助色についてはH編成オリジナルとなる紫色系統の「彩香パープル」として、E5系との差別化が図られている。また1・3・5・7・10号車を飾るシンボルマークはシロハヤブサをモチーフとしたものだ。

普通車の通路部分には雪の結晶などをモチーフにしたアクセント、グリーン車は流氷の海明けをデザインした絨毯、グランクラスは水面の煌めく様子を抽象したデザインの絨毯を配置。北海道を楽しむ期待感が演出されている。

H編成は2015年8月までに計画された4編成が出揃い、2016年3月の北海道新幹線開業で営業運転を開始した。このうちH2編成は2022年3月に発生した地震で被災し、同年9月に廃車となった。

2016年2月6日　写真／濱田昌彦

E7系・W7系

F編成（E7系）・W編成（W7系）

JR東日本　JR西日本

登場年 2013年
運用線区 北陸・上越新幹線
最高運転速度 275km/h

北陸新幹線は1997年10月の開業から、定期列車は8両編成のE2系（N編成・J編成）を専用としていた。北陸新幹線長野～金沢間は工事実施計画の変更で全区間がフル規格となり、開業時期は2014年度末を計画していた。

E7系（JR東日本）・W7系（JR西日本）は、北陸新幹線を経営するJR東日本とJR西日本により共同開発された車両だ。E7系はE2系N編成の置き換え分も含め、2013年11月に登場し、2014年3月のダイヤ改正で営業運転に投入された。一方W7系は、北陸新幹線のJR西日本区間での入線・架線試験に使用する目的もあり、2014年4月に使用開始となっている。

首都圏と北陸圏を長野経由で結ぶ北陸新幹線では、E2系N編成のように8両編成では輸送力が確保できないことから、整備新幹線区間では最長となる12両編成が採用された。輸送量の少ない区間列車では一部車両を締め切っている。

E7系は2023年までに、台風で浸水した編成の置き換え用を含め47本が投入された。またW編成は浸水による置き換え編成や、2024年3月に予定されている敦賀開業用を含め24本が投入されている。

2019年8月13日　写真／小柳　啓

E7系

F21･F22編成　朱鷺色ライン追加編成

JR東日本

登場年 2019年
運用線区 上越新幹線
最高運転速度 275km/h

2014年に営業運転を開始したE7系は、2018年10月から新潟新幹線車両センターへの新製配置が始まった。

E7系の上越新幹線系統の列車への投入は2019年3月のダイヤ改正からとなり、このダイヤ改正に合わせて、新潟新幹線車両センターにはF20・F21・F22の3本が投入された。

上越新幹線系統列車での営業運転開始に合わせ、3編成のうちF21・F22編成に上越新幹線限定デザインを、1年程度の期間限定で実施することが発表された。

専用デザインは朱鷺色（ピンク色系）のラインを車体側面の青帯下部に入れるほか、3号車と11号車にシンボルマークが掲出されるという内容であった。シンボルマークは、デザインコンセプトを「上越の魅力の源流にある豊かさと躍動感を形に」というものである。デザインは実った稲穂と躍動的な朱鷺の羽をイメージし、芳醇な上越の地を走る新幹線のスピード感を黄金色と朱鷺色のグラデーションで表現したものだ。

限定デザインの採用は当初計画で1年程度であったが、さらに1年程度延長され、2021年3月まで継続された。

2023年8月31日　写真／半沢崇拓

E8系

G編成

JR東日本

登場年 2023年
運用線区 東北・山形新幹線
最高運転速度 300km/h

E8系は、山形新幹線における新幹線区間での300km/h運転を目的に、2023年3月に量産車G1編成が登場した。

単に新在直通用車両の速度向上を狙うのであれば、E6系を山形新幹線用として使用すれば事足りるのだが、山形新幹線へのE6系投入には輸送力が不足する欠点があった。また320km/h運転を行う区間が宇都宮～福島間のみで所要時間の短縮もわずかであり、山形新幹線にE6系を投入するメリットは大きくなかった。

E8系はE6系をベースに開発された車両だ。輸送力の確保とできる限りの速度向上を両立したE8系は、編成定員が355名となっている。E3系と比較すると39名減少しているが、中間乗務員室と車内販売準備室を先頭車に集約することで、定員の減少は最小限にとどめられている。

E8系の営業運転は2024年春からと計画されており、G2編成以降の量産車もまもなく登場するものと見込まれる。

山形新幹線の起点である福島駅では、上り線側の新たなアプローチ線建設工事が佳境を迎えている。この先数年で山形新幹線をめぐる環境は、大きな進化を遂げると予想できる。

2021年9月14日　写真／松尾安徳

L0系
900番代

JR東海
登場年 2013年
運用線区 山梨リニア実験線
最高運転速度 500km/h

超電導磁気浮上式鉄道（超電導リニア）の実車の走行ステージは、1997年に宮崎県から山梨県に移り、中央新幹線での実用化に向けた本格的な試験が始まった。

JR総研主導により行われていた、先行区間での走行試験は2011年9月に終了した。2013年8月からは、JR東海が自己資本により整備した延伸区間を含めた実験線全線での走行試験が始まっている。

2013年に登場したL0系900番代は、先行区間で使用されていたMLX01-901A（先頭車）・MLX01-22A（長尺中間車）をベースにしている。形式名のLはリニア(Linear)、0は新幹線と同じく営業線仕様の第1世代車両を意味する。

先頭形状は滑らかな傾斜で構成されたくさび形で、ノーズ延長は15mに設定された。カラーリングは東海道新幹線のイメージを踏襲しているが、青色帯の配置は車両側面の肩部分になっている。

L0系は先頭車2形式（L21・L22形）が各2両と、中間車2形式（L25・L26形）10両が製作された。走行試験では、より営業線に近い状況を見越したものとなり、2014年には車両をフル活用した12両編成での走行試験も行われている。

2020年9月15日　写真／富田松雄

L0系
950番代

JR東海

登場年 2020年
運用線区 山梨リニア実験線
最高運転速度 500km/h

L0系950番代は営業用車両の仕様策定を目的として、2020年に登場した。

この車両はL0系900番代をさらにブラッシュアップさせたもので、「改良型試験車」とも呼ばれている。品川方先頭車1両（L22形950番代）と中間車（L25形950番代）が各1両製作された。

L0系950番代最大の特長は、営業車両の仕様とされる「誘導集電方式」が採用されたことだ。L0系900番代までの車両では、室内灯や空調、コイルの冷却装置などの電源がガスタービンだった。

一方L0系950番代では、電磁誘導の作用を利用した誘導集電方式が採用され、車両へのガスタービン発電機の搭載が不要になっている。また、先頭形状は凹凸部を際立たせるとともに、先端部をさらに丸めることで空気抵抗を引き下げ、消費電力や車外騒音を低減させている。

客室内もシートピッチの拡大や座席寸法の大型化など、L0系900番代から大幅にグレードアップしている。

L0系950番代は、2020年8月にL0系900番代と連結し、走行試験を開始した。2022年度からはL0系950番代を使用した体験乗車が始まっている。

1962年4月25日　写真／星　晃

1000形

A編成　1001·1002号車

国鉄

登場年 1962年
運用線区 鴨宮モデル線
最高運転速度 210km/h

東海道新幹線では、それまで前例のない最高運転速度200km/h域での営業運転が計画された。実用化を目的とした研究では、鉄道技術研究所での検証と並行し、実車による高速走行試験を通して、さまざまな試験や現象解析、さらには営業車両の仕様決定が必要であった。

この試験に使用する車両として開発されたのが、1962年に登場した1000形だ。試験車両は営業用車両と同じ12両編成が望ましいとされたが、車両製作にかかる費用を抑えるため6両のみが製作された。走行試験では、これらを組み替えることで2・4・6両での試験を可能にしている。6両で走行試験する際は2編成を使用するため、総括制御が可能な設計になっている。

いわゆるA編成は、1001·1002号車で構成された編成だ。A編成という名称は書類上での分類であり、今日の車両のように車両に標記、区分された編成記号とは異なる。

車両を構成する各部品は比較検討の目的から、車両単位で異なるものが採用されている。また外板塗色はアイボリーホワイトを基調として、20系客車よりも明るい青が、車体側面裾と肩部に配置されている。

1962年7月　写真／星　晃

1000形

B編成　1003･1004･1005･1006号車

国鉄

登場年 1962年
運用線区 鴨宮モデル線
最高運転速度 210km/h

新幹線に関する各種試験で使用される鴨宮モデル線には、試験車両として1000形が投入された。B編成は、1003･1004･1005・1006号車からなる車両であり、A編成と同時に製作された、

外板塗色はアイボリーホワイトを基調にして、窓周りと肩部分に青色を配したパターンである。この配色パターンは1964年に登場した営業用車両（0系）のベースになっている。

車両構体は、10系客車で実用化された軽量構造を応用して、側柱に薄鋼板を貼り付ける方式が採られた。B編成のうち、1004号車は吹寄の強度や剛性の増加を目的に、側柱をX字状に組み合わせた方式が採られ、編成中の外観で特異なものとなった。この形状は車両性能上の優位点の検証のほか、眺望も考慮されている。

B編成は、1962年の鴨宮モデル線使用開始と同時に試験走行を開始した。実際の走行試験はB編成を使用したものが多く設定され、営業線で使用する車両や施設の仕様決定に多くの成果を残している。

1963年3月30日に行われた速度向上試験では、最高運転速度256km/hを記録している。

1976年3月5日　写真／梶山正文

951形

国鉄

登場年 1969年
運用線区 東海道・山陽新幹線
最高運転速度 250km/h

1967年3月に起工した山陽新幹線は、地上設備が最高運転速度260km/hの走行を考慮して設計された。

車両は、0系の次世代車両として、国鉄部内の高速車両研究会を中心とした研究を反映した、高速試験車両951形が、1969年に登場した。

951形は2両編成で、設計最高運転速度は250km/h以上に設定されている。主回路制御方式は、当時の先端技術であったサイリスタ連続位相制御方式が採用されている。車体は主電動機の出力増加による重量増加を抑えるため、アルミ合金製とされた。

951形は1969年3月から走行試験を開始した。2両編成であったことから、車両の軌道短絡による閉塞の確保を万全にするため、走行試験は他の列車が在線しない深夜に限られた。しかし、本来であれば深夜帯は設備の保守時間に充てられており、走行試験の設定は困難だった。

そんななか、1972年2月に山陽新幹線で速度向上試験が設定された。のべ5日間にわたった試験の最終日となる1972年2月24日には、電車による当時の世界最速記録である286km/hをマークした。

1976年3月5日　写真／梶山正文

961形

国鉄
登場年 1973年
運用線区 東海道・山陽・東北新幹線
最高運転速度 260km/h

1969年から1973年にかけて行われた951形による走行試験では、最高運転速度286km/hの達成により、250km/h域における営業運転の技術的可能性が示された。その成果を活かし、961形試作車が全国新幹線整備網に対応した車両として、1973年に製作された。

1970年に成立した全国新幹線鉄道整備法では、1973年までに全国18路線の基本計画が告示された。これらの路線のなかには、山陽新幹線を凌ぐ急勾配区間や寒冷地など、車両技術のさらなる深度化が必要とされる区間も含まれていた。また運転時間も長くなることから、長時間乗車に適当な車内設備も必要とされた。

961形の走行試験は当初、東海道新幹線区間のみで設定された。1974年9月からは、山陽新幹線岡山～福山間のスラブ分岐器や、本四架橋（瀬戸大橋）用緩衝伸縮装置の走行試験にも使用された。

列車密度の関係から、東海道・山陽新幹線区間の走行試験は1974年に打ち切られ、1978年からは東北新幹線小山総合試験線に活躍の場を移した。1979年12月7日には、速度向上試験として319km/hを記録している。

1979年8月24日　写真／RGG

962形

国鉄

登場年 1979年
運用線区 東北・上越新幹線
最高運転速度 260km/h

東北新幹線小山総合試験線は、新幹線の技術検証を定期的かつ長期にわたって実施するため設置された。小山総合試験線では、1978年に961形を山陽新幹線から転用投入して走行試験が開始された。

1979年に投入された962形は、961形をベースに、電気方式を50Hz専用にしたものだ。962形は1980年に登場する200系の基本設計にも関係しており、とくに耐寒・耐雪性能が強化されている。200系は東北・上越新幹線用の営業車両として大量生産することが確実であったことから、962形による走り込みを行うことで、弱点を徹底的に排除する狙いがあった。

6両編成で構成された962形の外観は、アイボリーホワイトをベースに、帯色には若草色が採用されている。この若草色は、春を待ちわびる雪国の人々の気持ちを表現し、雪を割って萌出る新芽の力強さを象徴したものだ。

内装は、試作車として各種試験機器を搭載しているが、1・4号車を客室と想定しており、普通車の2列座席を回転可能な簡易リクライニングシートとしたほか、シートピッチの確認として一部座席については可変シートピッチが採用されている。

1982年4月16日　写真／RGG

962形+921-41+200系

国鉄

E2'編成　上越新幹線入線・架線試験用編成

登場年 1980年
運用線区 上越新幹線
最高運転速度 210km/h

上越新幹線開業の準備として、1980年10月から順次新潟地区に200系が搬入された。10月末時点ではE2・E3編成の2本と、軌道検測車921-41が搬入された。上越新幹線の雪対策試験は1980年度の冬に始まり、これに先立ち長岡〜新潟車両基地間で入線・架線試験と速度向上試験が設定された。

一方、小山総合試験線の試験は1980年6月に終了し、営業線への転用工事の着手を待つ状況であった。小山総合試験線で使用されていた962形は、10月に5・6号車が搬出され、陸路と海路で新潟車両基地に搬入された。これは新潟地区の入線・架線試験に921形を使用するためだ。

962形は設計段階から電気軌道総合試験車への転用改造が考えられていた。当初は962形1編成を使用する計画であったが、921形を制御できる最小ユニットとして2両のみが使用された。

新潟に回送された962形は、大宮方から前8両が200系E2編成、軌道検測車921-41、962-5・962-6とする変則11両編成が組まれた。この編成は部内でE2'編成と呼称され、11月5日の入線・架線試験から使用開始された。

1993年10月15日　写真／RGG

952形
S5編成 「STAR21」

JR東日本

登場年 1992年
運用線区 東北・上越新幹線
最高運転速度 350km/h

東北新幹線は開業以来、輸送量は右肩上がりの成長で、東日本地域の大動脈に成長した。シェアを維持拡大するためには、安全で便利かつ高速移動できることが望ましいが、速度向上による沿線環境の現状比悪化は回避する必要があった。

このような時代のニーズに応える車両の開発として、JR東日本は1992年に952形・953形という2形式からなる9両1編成の試験車両「STAR21」を製作した。

952形は「STAR21」を構成する編成の東京方4両で、新製段階では1号車と4号車を付随車とし、2号車と3号車はそれぞれM車、M′車に設定された。先頭形状は953形と共通してクサビ形が採用されているが、比較検討のため傾斜角は両形式で異なっている。

外板塗色はライトグリーンが採用され、953形と合わせ、東北の春を颯爽と走行するスピード感あふれるものになっている。

1993年度からは300km/hを超える領域で、より深度化したデータ収集に移行した。また952形は試験のため、T車のM車化を含む大規模な改造も行われた。この改造で連結順序を1・4・2・3号車として、1号車にもパンタグラフが搭載された。

1993年10月15日　写真／RGG

953形

S5編成　「STAR21」

JR東日本

登場年 1992年
運用線区 東北・上越新幹線
最高運転速度 350km/h

953形は952形とともに「STAR21」の編成を構成する盛岡・新潟方の車両である。953形は2023年までに登場した新幹線のなかでは唯一の連接車となっており、5両で6台車を持っている。連接車を採用するメリットには、編成あたりの台車総数を少なくできることや、台車が車端部に配置されることから、客室内に達する振動や騒音を低減できることが挙げられる。

953形は5両で構成されており、952形を含めた台車数では編成単位で8両相当、M:T比は4:4となっている。5号車の953-1の東京方台車と、9号車の953-5の盛岡・新潟方台車は付随台車で、残る4台車は電動台車という構成だ。

外板塗色は953-1・953-2および953-3の前位、953-3の後位から953-5で異なっており、前者はスノーグレー、後者はベージュを基調に窓周りをライトブルーと純白とされた。

1993年度からの高速化改造ではM:T比に変更はないものの、各M車の歯車比が変更されるとともに、953-5の先端下部形状変更が行われた。1993年12月から行われた速度向上試験では、最高速度425km/hを記録している。

1999年1月14日　写真／高野洋一

955形

A0編成 「300X」(ラウンドウェッジ形先頭形状)

JR東海

登場年 1995年
運用線区 東海道新幹線
最高運転速度 350km/h

JR東海では、1990年から最新・最良の高速鉄道システムの構築を目指し、「300X新幹線プロジェクト」が発足した。このプロジェクトでは、鉄道を構築するすべての技術分野を対象に検討が進められた。そしてこれらを検証する試験車両として、1995年1月に955形が製作された。

955形は、車両の愛称をプロジェクトネームである「300X」とされている。また編成記号は「A」に区分された。

編成は純然たる試験車両として割り切り、6両編成となっている。6号車の先頭形状はラウンドウェッジ形状という、くさび型に近いものだ。300系の先頭形状をベースに、風洞実験により空気抵抗を低減させるために最適化されたものだ。

先頭車は比較検討のため1号車と6号車で形状が異なる。さらに同条件でのデータ収集が行えるように、先頭車同士の入れ替えも可能になっている。実際に1999年6月には1号車と6号車が入れ替えられ、写真のようにラウンドウェッジ形状の先頭車は東京方から新大阪方に変えられた。

1996年7月26日に行われた速度向上試験では、443km/hという国内最速記録を達成した。

2000年9月25日　写真／高野洋一

955形

A0編成　「300X」（カスプ形先頭形状）

JR東海

登場年 1995年
運用線区 東海道新幹線
最高運転速度 350km/h

1995年1月に登場した955形は、沿線環境との調和や、車両や地上設備の性能向上に必要な検証、車内快適性の向上を検証する、「実験室」のような車両だ。

「300X」は先頭形状も検証材料の一分野であり、955-1はカスプ形状が採用されている。CFD解析による絞り込み、改良に基づき、空気抵抗の最も小さい形状として選定された。この形状は、リニア試験線車両MLX01で採用されたダブルカスプ型とはまったく異なるが、基本的な考え方は同じで、軌道上における騒音や走行抵抗の低減を目的にしている。

「300X」の走行試験は1995年から2002年にかけて行われた。前半は基本性能試験や速度向上試験、後半は条件変更試験や要素技術開発の確認試験とされた。

後半の試験では、ATC-NS開発のための走行試験や、車体傾斜装置の実用化に向けた試験が設定された。これら試験の結果は、のちのN700系開発に活かされた。

「300X」は2002年2月に廃車され、カスプ形状の先頭車は滋賀県米原市のJR総研風洞技術センター、ラウンドウェッジ形状の先頭車は愛知県名古屋市のリニア・鉄道館に保存されている。

1992年7月8日　写真／RGG

500系 900番代

W0編成 「WIN350」(キャノピー形先頭形状)

JR西日本

登場年 1992年
運用線区 山陽新幹線
最高運転速度 350km/h

山陽新幹線の対抗交通機関は、福岡市営地下鉄空港線の開業や、山陽自動車道の延伸整備などでJR西日本発足以降発展した。都市間大量高速輸送手段として、山陽新幹線のシェア維持・拡大は、経営基盤の安定化に必要だった。

既存車両による高速化として、100系V編成は275km/h運転を視野に入れた設計になっており、実際に速度向上試験も設定されたが、騒音問題をクリアすることはできなかった。

そこでJR西日本は1990年5月に「高速化推進員会」を立ち上げ、高速化実現のための研究を開始した。“沿線環境と調和した高速化”を実現するには、車両も抜本的な改良が必要とされた。そして1992年4月に、350km/h運転実用化を検証する車両として500系900番代が製作された。

500系900番代は車両の愛称として「WIN350」が与えられ、編成記号は「W」に区分された。

編成は各種試験での良否判定が可能な最小単位である6両で構成された。先頭形状は、比較検討の目的で1号車と6号車で異なっており、東京方となる500-906はキャノピー形状が採用されている。

1992年11月24日　写真／浅野和正

500系 900番代

W0編成 「WIN350」（スラント形先頭形状）

JR西日本

登場年 1992年
運用線区 山陽新幹線
最高運転速度 350km/h

「WIN350」の先頭形状が両端で異なるのは比較検討をするためであり、博多方となる500-901はスラント形状が採用されている。運転席部分もフラットな形状であり、運転台からの視界は制限されるものとなっているが、運転台部分の傾斜角そのものは500-906と同じになっている。

外板塗色は「低騒音・高速感」をコンセプトに、車体上部はグレイッシュパープル、下部はライトグレーに塗り分けられている。帯色はソフトロイヤルブルーが採用され、この帯で「高速感」と「従来車との共通イメージ」を表現している。

「WIN350」の速度向上試験は1992年6月から、新下関～小郡（現・新山口）間で開始。1992年8月8日には350.4km/hという当時の国内最速を記録した。

「WIN350」の走行試験は、1996年に登場する500系量産先行車の仕様に反映された。1996年5月25日には、ラストランとして博多総合車両所～広島間を往復し、約4年にわたる走行試験に幕を下ろした。

「WIN350」のスラント形状先頭車は博多総合車両所、キャノピー形状先頭車は滋賀県米原市の鉄道総研風洞技術センターにそれぞれ保存されている。

2006年4月21日　写真／高野洋一

E954形 S9編成

「FASTECH360S」（ストリームライン先頭形状）

JR東日本

登場年 2005年
運用線区 東北・上越・北陸新幹線
最高運転速度 360km/h

JR東日本では、新幹線のさらなる競争力強化とサービス向上のため、JR東日本研究開発センターを中心に、新幹線高速化推進プロジェクトが2002年3月に発足した。ここでは、高速性・信頼性・環境適合性・快適性などを高いレベルで融合させた「世界一の新幹線」が目指された。

技術上の目標は、360km/hで走行し、車外騒音などの環境面では現状を維持し、車内の快適性は現状を上回ることとされた。次世代新幹線の開発にあたっては、現有車両を改造して検証するという手段は困難であり、「STAR21」投入時と同じように、安定して360km/h域で走行することができる専用の試験車両が必要とされた。

このような目標を実現するため、2005年6月に試験専用車両として登場したのが、E954形だ。8両編成で構成されたE954形は車両の愛称を「FASTECH360S」とされた。

先頭形状は、ノーズの長さがいずれも16mに設定されている。比較検討の目的から両先頭車で形状が異なり、東京方先頭車のE954-1はストリームライン形状という名称のシャープなデザインが採用されている。

2006年4月21日　写真／高野洋一

E954形 S9編成

「FASTECH360S」(アローライン先頭形状)

JR東日本

登場年 2005年
運用線区 東北・上越・北陸新幹線線
最高運転速度 360km/h

2005年6月に登場したE954形は、比較検討のために、先頭形状は1号車と8号車で異なるものが採用された。

8号車の先頭形状は、アローライン形状と呼ばれるデザインが採用された。この形状は、ノーズ先端部を丸めるとともに、ピークポイントをレール上から高い位置に設定することで、断面変化率を一定にしている。

E954形は同条件での比較検討試験ができるように先頭車同士の入れ替えが可能になっており、基本性能試験の過程で一時的に1号車と8号車が入れ替えられた時期もある。

走行試験は基本性能試験として、東北新幹線仙台以北区間を中心に設定された。2008年からは長期耐久試験として、開発品の検証も行われた。走行試験区間は仙台以南の区間にも拡大され、大宮～八戸間を試験区間としている。また試験末期には追加設定された急勾配区間試験として、北陸新幹線高崎～軽井沢間にも入線している。

E954形は2009年9月に走行試験が終了し、廃車された。E954形の成果は2009に登場したE5系に反映され、今日の東北新幹線高速化の礎となっている。

2008年9月28日　写真／高野洋一

E955形

S10編成 「FASTECH360Z」

JR東日本

登場年 2006年
運用線区 東北・秋田新幹線
最高運転速度 360km/h

2006年6月に登場したE955形は、新幹線高速化推進プロジェクトによる、新在直通用車両の成果物である。

東北新幹線から分岐する秋田新幹線・山形新幹線は、東北新幹線の列車容量を圧迫することがないように、新幹線区間では併結運転を前提とする運転方式が開業以来採られている。新幹線ネットワークの現状を踏まえると、新幹線と新在直通用車両の併結運転は必須条件であり、このための高速試験車両として2006年4月に新在直通用のE955形が製作された。

E955形は車両の愛称を「FASTECH360Z」とされた。E954形と共通の「FASTECH360」に続く「Z」は、在来線を意味するものだ。

ノーズ形状は両先頭車ともにアローライン形状になっているが、比較検討の目的から、ノーズ長さはE955-1で13m、E955-6は16mに設定されている。

E955形は2006年6月から東北新幹線区間で走行試験を開始、7月には秋田新幹線区間への乗り入れも始まった。走行試験は2008年に終了し、同年12月に廃車された。E955形の成果は2010年に登場するE6系に活かされている。

2022年11月2日　写真／半沢崇拓

E956形

S13編成　「ALFA-X」1号車（ノーズ長16m）

JR東日本

登場年 2019年
運用線区 東北・北海道新幹線
最高運転速度 360km/h

2012年に策定されたJR東日本の「グループ経営構想V ～限りなき前進～」内にある、無限の可能性の追求として「技術革新 ～エネルギー・環境戦略の構築、ICTの活用、高速化～」をおもなポイントに研究開発が示された。この経営構想に基づき2019年5月にE956形が登場した。

E956形は次世代新幹線車両のデータ収集や現象の解析を目的に製造された車両だ。また車両開発の目的には、日本全体の問題になっている労働人口の減少にも着目している。CBMやIoTを取り入れ、メンテナンス方式の革新も開発の目標の一つに掲げられている。E956形の成果を反映させた量産車は、2030年度に予定されている北海道新幹線札幌開業時点での営業運転開始を計画している。

先頭形状は比較検討の目的から1号車と10号車で異なる形状になっている。東京方のE956-1はノーズ長さをE5系より1m長い16mに設定することで、トンネル微気圧波対策と室内空間の両立を目指したものになっている。複雑な面の重なりで構成されたノーズ形状は、「削ぎ」「畝り」「拡がり」といった風の流れによってつくられる要素が盛り込まれたものになっている。

2022年11月8日　写真／富田松雄

E956形

S13編成　「ALFA-X」10号車（ノーズ長22m）

JR東日本

登場年 2019年
運用線区 東北・北海道新幹線
最高運転速度 360km/h

2019年5月に登場したE956形は、比較検討の目的で1号車と10号車で先頭形状が異なっている。新青森（新函館北斗）方のE956-10は、ノーズ長さが約22mとされ、先頭車延長約26mのうち約85%がノーズで占められる。かつて山梨リニア実験線で試験されたMLX01-901は、先頭車延長約28mのうち約23mをノーズとした車両であったが、E956-10はこれを上回るノーズ長さの割合となっている。

2019年5月から始まった走行試験は、2021年度までをフェーズ1の基本性能試験として、仙台以北区間で深夜帯を中心に走行試験が設定された。この期間中には1・2号車と9・10号車を入れ替えた条件変更試験も設定され、異なる先頭形状での同条件試験も行われた。

2022年度からは日中時間帯の走行試験も頻繁に設定されるようになり、試験区間の南限は大宮まで拡大されている。また冬季にはフェーズ1の段階から北海道新幹線区間への乗り入れも行なっており、札幌開業を見据えた車両の基礎データも着実に蓄積されている。

2023年7月からは全般検査が行われ、走行試験はさらに続く計画になっている。

2002年4月　写真／宇都宮照信

GCT01形

軌間可変電車一次試験車

JR総研

登場年 1998年
運用線区 山陽新幹線
最高運転速度 210km/h

新幹線の標準軌区間と在来線の狭軌区間を直通できる軌間可変電車の基礎研究は1994年度から始まった。

軌間可変電車の技術開発の重要項目は、相互に乗り入れが可能な軌間可変の電動台車であり、1994年度から1996年度にかけて試作改良が繰り返された。

軌間可変電車の試作車両は1998年に3両編成のGCT01形として登場した。車内は2号車に模擬客室を設備、1・3号車は機器室になっている。

GCT01形は、1999年1月から山陰本線米子地区で予備走行試験を実施、その後はコロラド州のプエブロ実験線で高速走行試験や、軌間可変を含めた長期耐久性能試験を2001年1月まで実施した。

2001年11月からは国内での試験に移行した。新幹線関係の試験では、新下関保守基地の一角が試験設備に改造され、軌間可変試験や交直セクション通過試験などが行われた。2004年8月から10月末にかけての期間は、山陽新幹線新下関～新山口間で深夜帯を利用した速度向上試験や曲線通過性能試験が実施されている。期間中のべ15日間設定された試験では、最高速度210km/hを記録した。

2012年7月14日　写真／富田松雄

GCT01形

200番代　軌間可変電車二次試験車

フリーゲージトレイン技術研究組合

登場年 2007年
運用線区 九州新幹線
最高運転速度 270km/h

軌間可変電車の技術開発は2002年8月にJR総研からフリーゲージトレイン技術研究組合に移管された。そして2003年からは二次試験車の開発が始まった。

一次試験車の走行試験で、軌間可変システムの基本性能と、高速走行性能や耐久性が確認されたと同時に、さらなる技術開発が必要な課題も明らかになった。そこで軌間可変電車の二次試験車では、課題の解決を目的にした研究を進めるとともに、実用化を目指す軌間可変台車の開発を進めることが目標とされた。

3両編成で構成された二次試験車は、新在直通用車両であるE3系がベースとなっている。新幹線区間の走行区間は九州新幹線とされ、九州新幹線と在来線の新在直通が可能な仕様になっている。先頭形状は改良型エアロウェッジが採用されており、2号車は車体傾斜装置を設置するための準備工事が施された。

在来線での走行試験を経て、2009年6月からは新八代構内で軌間可変試験が開始された。本格的な新幹線区間の走行試験は7月から12月にかけて、川内～新水俣間で実施され、速度向上試験では、設計最高速度である270km/hを記録した。

2014年10月27日　写真／富田松雄

FGT形 9000番代

軌間可変電車 三次試験車

鉄道・運輸機構直轄事業

登場年 2014年
運用線区 九州新幹線
最高運転速度 270km/h

2014年4月に完成した軌間可変電車三次試験車は、二次試験車で課題となった車両の軽量化に注力された車両だ。8mに設定されたノーズ部分は、素材をCFRP（炭素繊維強化プラスチック）とされ、軽量化が図られている。

車両はE6系をベースにして、さらに営業用に近いものとなっている。また、4両編成という編成構成は、これまでの軌間可変電車で最も長い編成長となった。

電気方式は、これまでの試験車がAC20/25kVとDC1500Vに対応していたのに対し、投入予定路線であった鹿児島本線・長崎本線・西九州新幹線に特化したAC20/25kVとなっている。

走行試験は2014年4月に始まり、10月からは新幹線区間・在来線区間・軌間変換という3モードで60万kmを走行する耐久試験に移行した。しかし、約3.3万kmを走行した段階で、車軸接触部に摩擦痕が確認され、試験は長期中断した。

対策後の試験は2016年末から2017年3月にかけて実施、約3.2万kmの走行試験が設定された。対策の効果は得られたものの、コストが増大することから導入は断念され、走行試験も打ち切られてしまった。

写真／RGG

921形

921-1　軌道試験車

国鉄

登場年 1962年
運用線区 東海道・山陽・東北新幹線
最高運転速度 160km/h

921形は新幹線用の軌道試験車で、1962年に東急車輌（現・総合車両製作所）で製作された。当初の形式名は4000形4001を名乗っていたが、新幹線開業時に921形に変更され、921-1に改番されている。

1962年6月に鴨宮モデル線に搬入され、軌道検測に利用された。921-1は自走用を兼ねた検測用のディーゼルエンジンを搭載しており、トルクコンバーターで1軸を駆動して、最高速度20km/hで自走することも可能である。

鴨宮モデル線での実際の検測作業は、1000形電車に牽引されて行われており、牽引された場合は、最高速度160km/hでの検測が可能であった。

921形の軌道検測は3台車方式で、各台車に生じた変位量を測定する方式になっている。測定されたデータは新大阪方車内にある記録台に出力された。

新幹線開業後は921-2とともに使用されたが、1974年のT2編成登場により予備車となった。その後、1978年の東北新幹線小山総合試験線の使用開始にあわせ小山管理所に転出し、軌道検測に使用され、1980年に廃車された。

1975年3月11日　写真／RGG

921形

921-2　軌道試験車

国鉄

登場年 1964年
運用線区 東海道・山陽新幹線
最高運転速度 160km/h

921-2は軌道検測車の予備車として、1964年に浜松工場で改造によって登場した。種車となったのはマロネフ29 11だ。921-2への改造では台枠が流用され、種車の面影はない。

921-2の921-1との外観上の違いは、正面窓上の表示器の有無や、前面窓ガラスの平面化などがある。またシステム面では、921-2は自走できず、軌道検測に関する測定項目のうち、輪重や横圧の測定ができないという点がある。

軌道検測の方法は921-1と同じく、各台車に設置された測定用車輪の回転で変位を検測する方式になっている。なお、測定用車輪は使用に際して上げ下ろしの作業が必要となっている。

軌道検測では911形ディーゼル機関車に牽引される方式が採られており、新幹線の列車種別としては、2023年に至るまで唯一の「客車列車」として設定されていた。列車の最高速度は160km/hになっていたことから、軌道検測は東海道新幹線区間・山陽新幹線区間ともに、営業列車の運転が終了した深夜帯に設定された。

921-2はT2編成の導入によって1975年度に廃車された。

1964年9月24日　写真／星　晃

922形

電気試験車

国鉄

登場年 1964年
運用線区 東海道・山陽新幹線
最高運転速度 210km/h

新幹線の電気設備の検測は「静的検測」という、地上からの検測のみではなく、車両側に検測装置を搭載して、走行状態で検測を行う「動的検測」も新幹線の高速運転を支える必要条件とされた。

動的検測で正確なデータ収集を行うには、営業用車両と同じ条件で走行することが望まれた。電気試験車は改造で賄われ、種車には1000形B編成が抜擢された。

B編成は1964年6月22日に鴨宮から浜松工場に回送され、922形電気試験車への改造が始まった。この改造工事は、一次改造と二次改造に分割して行われた。

一次改造は外板塗色の変更と、1000形A編成からの電気検測機器の移植、座席の一部撤去程度にとどまるものであった。

二次改造は新幹線開業後に行われた。この改造で前部標識灯の形状変更や、3号車への救援車設備の搭載などが行われ、これにより計画通りの仕様となっている。

922形電気試験車の運転は週1回、超特急（ひかり）ダイヤと特急（こだま）ダイヤが交互に設定された。

初代電気試験車である922形はT1編成とも呼ばれているが、車体にこの標記はされていない。

写真／RGG

923形
レール探傷車

国鉄　JR東海　JR西日本

登場年 1964年
運用線区 東海道・山陽新幹線
最高運転速度 75km/h

車両を支えて安全な運動をさせるレールは、車輪との摩擦や、天候などの影響で劣化が進行する。レールの欠陥は外部に生じるものだけではなく、内部に発生するものもあり、定期的なメンテナンスはもとより、欠陥の検出も必要である。

新幹線では開業にあわせて923形レール探傷車が導入された。923形は912形に牽引されて走行しながら、超音波を利用してレール探傷をおこなう車両だ。車体長は8.5mと大変短い。落成当初は走行用の台車とは別に、回転するゴムタイヤ製の探触子をレール面に接触させて探傷する方式であった。その後、1972年の改造で探触子は回転しない摺動式に変更された。

落成当初は塞がれていた妻面には、のちに推進運転用の前面窓が設けられ、外観は大きく変化している。さらに車内に搭載されていた発電機などを、付随の低床トロに移設して作業環境の改善が図られた。

1978年には、山陽新幹線区間用の増備車として、改造後の923-1とほぼ同一仕様の923-2が新製されている。

JR発足により、923-1はJR東海、923-2はJR西日本に承継された。923-1は1989年、923-2は2001年に廃車された。

1999年6月19日　写真／田中真一

922形

10番代　T2編成　電気軌道総合試験車

国鉄　JR東海

登場年 1974年
運用線区 東海道・山陽新幹線
最高運転速度 210km/h

山陽新幹線全線開業直前（1974年）時点の地上設備の動的検測は、922形電気試験車による電気・信号・通信関係の検測と、921形軌道試験車による軌道検測という2本立てで行われていた。922形は1000形B編成を改造した車両で老朽化が進んでいるうえ、921形は自走できないことから、911形ディーゼル機関車による牽引が必要で、車両性能上最高速度も160km/hに止まっていた。

博多開業で検測距離が延伸し、さらに列車密度の増加を考慮すると、より効率的な検測が必要であった。このような既存試験車の置き換えを含めた課題を解決するために1974年に登場したのが、922形10番代・921形10番代からなるT2編成だ。

0系16次車をベースにしたT2編成は「大窓」が外観上の特徴だ。「電気軌道総合試験車」の名称が示す通り、1編成で電気・軌道関係の検測が可能である。軌道検測車は3台車方式が継承されたが、検測方式を非接触方式にすることで、従来の160km/hから210km/hへの速度向上が可能になった。

T2編成はJR発足によりJR東海に承継され、2001年まで使用された。

2000年6月3日　写真／田中真一

922形
20番代　T3編成　電気軌道総合試験車

国鉄　JR西日本

登場年 1979年
運用線区 東海道・山陽新幹線
最高運転速度 210km/h

1974年10月に登場した922形T2編成は、電気試験車と軌道試験車を統合した編成で、効率的な検測が可能になった。

1974年11月時点では、電気軌道総合試験車はT2編成のみであり、軌道検測については、予備車として921形を残すという使用方法が継続されていた。

事業用車であっても、仕業検査から全般検査に至る定期的な検査は必要である。車両に対する検査時期の調整や、高い精度が求められる検測機器の調整という面からも、T2編成同様の電気軌道総合試験車の予備車は必要不可欠であった。

そこで、T2編成と検測機器類が同一仕様のT3編成が、1979年11月に登場した。T3編成は0系27次車がベースで、小窓が外観上の特徴として挙げられる。

T3編成の登場により、電気軌道総合試験車は2編成の交互使用体制が可能になった。電気軌道総合試験車の同一仕様2編成体制という手法は、2023年現在も923形T4・T5編成で活かされている。

T3編成はJR発足によりJR西日本に承継、2005年まで使用された。廃車後922-26は解体を免れ、リニア・鉄道館に保存展示されている。

2019年4月15日　写真／宮澤雄輝

923形
0・3000番代　T4編成・T5編成

JR東海　JR西日本

登場年 2000年
運用線区 東海道・山陽新幹線
最高運転速度 270km/h

東海道・山陽新幹線では、線路設備の動的検測が約10日に1回のペースで行われている。この動的検測により、地上設備の予防保全のデータが収集され、設備の保守データとして活用、地上設備の安全が維持されている。車内での検測作業はデジタル化が図られ、作業効率は飛躍的に向上している。

JR東海所属の923形0番代（T4編成）は、国鉄から承継した922・921形10番代の後継車両として2000年に登場した。またJR西日本所属の923形3000番代（T5編成）は、922・921形20番代（T3編成）の後継車両であり2005年に登場した。

T4・T5編成は700系をベースにしており、検測走行での最高運転速度は、登場当時の営業列車に合わせた270km/hとなっている。検測走行の高速化が実現したことにより、東海道新幹線区間では営業列車の本数増加によって夜間に設定されていたダイヤも、日中設定が可能になった。これにより、T4編成導入以前では2泊3日コースであった東京〜博多間の検測は、1泊2日に短縮された。

ベースとなる700系も東海道新幹線から引退しており、今後が注目される。

1982年3月2日　写真／RGG

925形
0番代　S1編成（登場時）

国鉄　JR東日本

登場年 1979年
運用線区 東北・上越・北陸新幹線
最高運転速度 210km/h

925形は東海道・山陽新幹線における922形電気軌道総合試験車（T2・T3編成）の東北・上越新幹線仕様といえる車両だ。編成中5号車には921形軌道検測車を連結しており、最高運転速度210km/hでの検測が可能になっている。

925形10番代は、同時期に登場した962形と一部車両の窓配置をのぞき同一構造になっている。外板塗色も962形と同じく、アイボリーホアワイトと、若草色の組み合わせが採用されている。

建設工事が進む東北新幹線では、開業に先立ち、雪に対する知見をさらに深め、雪対策の基準を策定する目的で、1979年度冬から走行試験を開始した。初年度の雪対策試験線は仙台車両基地（新幹線総合車両センター）から北上手前付近、1980年度は北限を盛岡車両基地（盛岡新幹線車両センター）まで延伸した。

1979年度冬の走行試験では、925形0番代電気軌道総合試験車が投入された。1980年度冬からは200系量産車も2編成投入され、3編成体制で雪対策試験が進められた。これにより、最終的な営業用車両の仕様決定や、具体的な積雪対策のマニュアル決定に活用されている。

1984年2月15日　写真／RGG

925形
0番代　S1編成（塗装変更後）

国鉄　JR東日本

登場年 1982年
運用線区 東北・上越・北陸新幹線
最高運転速度 210km/h

925形10番代S1編成は、1979年度の冬から2冬期間を、東北新幹線の雪対策走行試験に活用された。1981年度に入ると、線路の使用開始が段階的に進み、925形は入線・架線試験で活躍した。

東北新幹線の開業に先立つ1982年3月30日からは、仙台工場（現・新幹線総合車両センター）に入場、開業準備工事が行われた。この時点で外板塗色はオリジナルのアイボリーホワイトと若草色のままであったが、1983年2月の全般検査入場で黄色5号と緑14号に変更された。

S1編成は925形10番代S2編成と交互に、仙台をベースに2日間をかけて東北・上越新幹線の動的検測を担当した。

1987年4月のJR発足により、S1編成はJR東日本に承継された。検測区間は1991年に東京～上野間、1997年には北陸新幹線区間が加わり、その都度必要な改造が行われた。軌道検測車は、北陸新幹線区間の軸重制限に対応するため、1997年に3台車方式の921-31から、200系営業車両から転用改造した2台車方式の921-32に差し替えられた。

S1編成は2002年まで使用され、E926形の使用開始により廃車された。

1983年9月2日　写真／RGG

925形
10番代　S2編成

国鉄　JR東日本
登場年 1983年
運用線区 東北・上越・北陸新幹線
最高運転速度 210km/h

925形10番代S2編成は、1983年1月に962形試験車を改造して登場した

S2編成の種車となった962形は、小山総合試験線で走行試験に使用されていた。1980年6月の走行試験終了後は、5・6号車を分割し、1981年3月末まで新潟地区で使用され、1982年3月に仙台工場（現・新幹線総合車両センター）に搬入されていた。その後1982年5月20日に、小山基地に残留していた1〜4号車が、925形S1編成の牽引により仙台工場に回送され、S2編成への改造工事が始まった。

S2編成への改造工事は、上越新幹線の開業を挟んだ1983年1月まで続き、1月17日にS2編成が登録された。

S2編成はS1編成とともに検測車として運用された。また、1983年からは速度向上試験の検証用車両としても活用された。1985年3月ダイヤ改正から始まった東北新幹線「やまびこ」の240km/h運転や、その後のボルスタレス台車による275km/h走行試験など、のちの車両開発にも大きな成果を残している。

2002年9月にE926形の本格的使用が始まると、総合検測車の予備車として存置されたが、2003年1月に廃車された。

2021年4月9日　写真／半沢崇拓

E926形

S51編成　「East-i」

JR東日本

登場年 2001年
運用線区 東北・北海道・上越・北陸新幹線
最高運転速度 275km/h

東北新幹線では、1997年3月のダイヤ改正で、E2・E3系による275km/h運転が始まり、東北新幹線列車の平均速度は一段とアップした。列車の平均速度が向上すると、最高運転速度が210km/hにとどまる925形はダイヤ設定に制限が加わり、効率的な検測が困難となった。

また、延伸工事が進んでいた東北新幹線盛岡以北区間では、開業時点でDS-ATCが使用されることや、新在直通線への検測車乗り入れなど、置き換え時期が迫る925形では対応できない状況となっていた。

2001年10月に登場したE926形は、検測速度の向上や、新在直通線への乗り入れ、DS-ATCへの対応など、次代を見据えた電気軌道総合試験車として登場した。E926形はE3系をベースに製作されており、新在直通線を含むJR東日本系統の新幹線路線すべてに対応している。編成は6両編成で構成されており、軌道検測車のみ予備車1両が同時に製作された。

E926形が検査などで長期離脱する場合は、軌道検測車を特定の編成に組み込み軌道検測が可能になっていた。営業車両による軌道検測が可能になった今日では、この方式は採られていない。

2013年11月20日　写真／加藤瑠輝乃

E926形

E2系N21編成+E926-13　軌道検測編成

JR東日本

登場年 2003年
運用線区 東北・上越・北陸新幹線
最高運転速度 275km/h

JR東日本系統のフル規格新幹線路線では、国鉄時代を含めた1982年から2002年までは、925形を使用した電気軌道総合検測が行われてきた。

2001年9月に登場したE926形は、925形電気軌道総合試験車の後継車両として、新在直通線区間を含めたJR東日本系統の新幹線路線すべての検測が可能になった。

E926形の3号車は、軌道検測を担当する車両になっている。この軌道検測車のみ、新製段階で予備車両のE926-13が製作されていた。E926形が全般検査や台車検査などの理由で、長期間編成単位で使用できない場合にも、特定の編成に予備の軌道検測車のみを組み込むことで、軌道検測が施行できるようになっていた。

“軌道検測車を組み込む特定の編成”にはE2系N21編成が抜擢された。N21編成は、1・2号車間にE926-13を組み込むため引き通しの改造などが行われ、期間限定ながら車両サイズがまったく異なる珍編成が出現することとなった。

軌道検測用に組み換えられたN21編成は、2003年から2013年までの間に4期間設定され、東北・上越・北陸新幹線のE926形の軌道検測を代行した。

1998年7月25日　写真／高野洋一

911形

国鉄　JR東海

登場年 1964年
運用線区 東海道・山陽新幹線
最高運転速度 160km/h

911形は1964年8月に登場した新幹線用の大型ディーゼル機関車だ。用途は、自走不可能になった電車の救援や軌道試験車（921形）の牽引、バラスト散布車（931形）のような保線用貨車の牽引などが想定された。

911形は3両が製作された。搭載されたエンジンは、導入時期によって異なるものになっている。いずれも在来線用のDD51形ディーゼル機関車で使用実績のあるDML61系であるが、911-1はDML61Sが採用された。また、1965年に登場した911-2と911-3は、出力を増強させたDML61Zが採用されている。

最高運転速度は160km/hに設定されている。また救援用機関車という位置付けから、新幹線区間での最急勾配となる20‰勾配でも、960t（満員状態の12両編成電車）を引き出せる性能を持っている。

当初想定された運用方法のうち、救援機という機会は幸いにして発生することなく、もっぱら921形軌道検測車の牽引がメインとなった。911形は、1972年度以降ロングレール更換車の牽引に充当されることになった。911-2が改造され、その任務に就き1995年まで使用された。

1975年10月　写真／梶山正文

912形
0番代　1～16

国鉄　JR東海

登場年 1963年
運用線区 東海道・山陽・東北新幹線
最高運転速度 70km/h

912形ディーゼル機関車は、1963年に新幹線建設工事用の機関車として導入された。これらは新製ではなく、すべて改造により賄われた。

種車となったのは、在来線でおもに入換用として使用されていたDD13形だ。新幹線の建設工事に使用されていた時期は、改造されたのは台車の標準軌化程度で、形式は2000形を名乗っていた。

2000形として導入された初期の7両（2001～2007）の外板塗色は、在来線時代のままであった。当時はぶどう色から朱色4号（新標準色）への変更の過渡期にあったことから、2000形はぶどう色と朱色4号が混在していた。外板塗色はのちに青色15号と黄色5号に変更された。

建設工事終了後は、形式が912形に改称された。また保守用車牽引がおもな任務となることからATCが搭載された。

912形0番代は、1970年から1977年にかけてさらに9両が増備され、最終的に16両体制となっている。このうち912-2と912-4は仙台に転出し、仙台車両基地で入換用として使用された。912形0番代のうち912-8～16は国鉄からJR東海に承継されたが、1995年までに廃車されている。

1999年12月5日　写真／田中真一

912形
60番代　61～64

国鉄　JR西日本

登場年 1975年
運用線区 山陽新幹線
最高運転速度 70km/h

1974年12月、912形に60番代が加わった。912形60番代は、山陽新幹線新関門トンネルでの列車救援をおこなうため導入されたものだ。0番代と同じく、DD13形を種車としているが、重連総括制御が可能な600番代が種車である点が0番代と異なる。台車は912-1～13はDT8000となっていたが、60番代と1977年に増備された912-14・15・16はエアタンク位置が異なり、DT8000Aとなっている。

新関門トンネルでの救援は、小倉方に牽引する場合は重連、新下関方に引き出す場合は三重連で使用されることになっていた。

912形60番代は、1974年12月以降1975年4月までに4両が改造落成し、新幹線建設局を経て博多総合車両部（現・博多総合車両所）に配置された。1976年4月時点では、小郡・新下関・鞍手・博多総合の各保守基地に各1両が駐在し、通常は0番代と同じように保守用車の牽引に使用された。

その後、4両がJR西日本に承継され、2015年まで使用された。現在は912-64の前頭部カットモデルが、京都鉄道博物館に保存展示されている。

1996年2月　写真／飯沼仁浩

931形

バラスト散布車

国鉄　JR東海　JR西日本

登場年 1961年
運用線区 東海道・山陽・東北新幹線
最高運転速度 70km/h

東海道新幹線の道床は、橋梁の一部で無道床区間が設定されたが、ほとんどの区間はバラスト（砕石）構造が採用された。

バラストには、車両の荷重を路盤の広範囲かつ均一に伝達する働きがある。また、まくらぎの位置を固定させることで、軌道狂い（軌間・高低・通り・水準の異常）の発生を防止すること、さらに軌道のクッションのような役割をし、乗り心地を良好にする効果などがある。

新幹線建設では、バラストの運搬や散布用車両として、1961年に浜松工場でバラスト散布車を新製した。新幹線用のバラスト散布車は、在来線用バラスト散布車ホキ800を標準軌化した3000形である。

新幹線建設工事に投入された3000形は60両で、新製後は各建設基地に配備され、早速使用が始まった。

3000形は開業にともなう改番で931形に形式変更された。増備は新幹線開業後も続き、最終的に126両が製作された。

JR発足によって、95両の931形は、60両がJR東海、35両がJR西日本に承継された。JR東海承継車両は1994年度、JR西日本承継車両は2002年度車両から保守機械扱いとなり車籍が抹消された。

1977年3月　写真／梶山正文

932形
軌框敷設車

国鉄
登場年 1962年
運用線区 東海道・山陽新幹線
最高運転速度 70km/h

「軌框」とは、レールとまくらぎを一体とし、梯子状に組んだものだ。線路を延伸する作業方法には、道床を構築したのちに、門形クレーンの走行用レールを軌道位置の外側に敷設して線路を延伸する方法がある。一方、932形のように、完成した軌道上を大門型クレーン車が走行して敷設する手段もある。

軌框敷設車は1962年に浜松工場で新製された。登場時の形式名は5000形で、新幹線開業時に形式名が932形に変更されている。932形の特徴はその車体形状がすべてといえよう。全長は約41mであるが、連結面間（車両両端の連結器相互間の延長）は11mである。ヤジロベエのような形態をした932形は、主桁であるトラス下部に移動桁が懸垂されている。ここから、あらかじめ組まれた軌框を前方に送り出し、路盤に敷設する仕組みになっている。軌框敷設作業を行うときはバランスが変化することから、主桁にアウトリガが4基搭載されており、軌框の送り出しで発生するバランスの移動を考慮している。

932形は東海道新幹線の建設に続いて、山陽新幹線新大阪～岡山間の建設でも使用され、1979年に廃車となった。

1976年　写真／梶山正文

933形
レール研削車

日本国有鉄道
登場年 1964年
運用線区 東海道・山陽新幹線
最高運転速度 70km/h

933形レール研削車は、レールに生じた摩耗の修正や、異物の付着などによる摩擦係数低下要因を除去するレール研削作業用として1964年に登場した。

列車の追突を防止するために、レールには一定区間で電気的に区切られた閉塞区間が構成される。この電気的回路を軌道回路という。列車が走行すると、車軸によって左右のレールが短絡され、その区間には後続列車の進入を許可しない停止信号が現示されることで、追突事故を防ぐ。

このように、レールの役割は車両走行の案内をするだけではない。列車相互間の安全を確保するためにも、レールの健全状態を維持する必要がある。

933形は新製ではなく、種車をトキ15000形とした改造車である。2軸ボギーの台車間には研削装置を装着し、研削時には装置をレールに押し当てながら走行することで、レール研削を行う仕組みになっている。

車両製作時には、乗り心地低下の原因となるレールの波状摩耗研削用車両としての使用も想定されていた。しかし、実際の波状摩耗研削に933形が使用されることはなく、1979年に廃車されている。

1975年12月　写真／梶山正文

934形
分岐器運搬車

国鉄
登場年 1967年
運用線区 東海道・山陽新幹線
最高運転速度 70km/h

934形分岐器運搬車は1967年に浜松工場で3両が製作された。934形は新幹線開業後の新たな分岐器挿入や、既存の分岐器の更換に対応する車両である。

新幹線の分岐器は列車の通過速度を高めるため、延長は在来線の分岐器よりも長い。また、部品点数も多いことから、挿入される分岐器は至近の保守基地で組み立てられ、作業現場では更換と付帯作業のみを行う作業方式が採用された。

934形は平型の貨車で、あらかじめ組み上げた分岐器は、車両限界を突破しないように傾斜させて搭載された。なお、分岐器の挿入や更換作業は頻繁に発生することがなく、使用例は限られていた。

本来の使用方法とは異なるが、1971年には青函トンネルでの車両運用を見越して、934形を使用した新幹線電車と在来線貨物列車の離合試験が行われた。934形にはコンテナを搭載する緊締装置が改造設置され、1両当たり5個のコンテナが搭載された。試験では911形+934形+935形という編成が構成された。試験区間である牧之原トンネルでは210km/hの旅客電車と70km/hの貨物列車の離合試験が行われ、各種データが収集された。

写真／RGG

935形

救援車兼用緩急車

国鉄

登場年 1967年
運用線区 東海道・山陽新幹線
最高運転速度 70km/h

935形救援車兼緩急車は、1967年から1977年にかけて25両が登場した。935形に新製車両はなく、25両のすべてが改造によって製作されている。種車は登場時期によって異なっており、1967年に登場した7両（935-1～7）は1930年製のワキ1形、935-8以降の増備車はワキ1000形をそれぞれ転用改造している。

緩急車とは、ブレーキ装置を持つ添乗員用の車両であり、在来線用車両では、車号に「フ」が付く車両である。また、事故が発生した場合に備えて事故復旧機材を搭載していた。

車両の前面および後面には推進運転用の窓があり、上部の標識灯は935-1～7は1灯式で、935-8以降はシールドビームの2灯式になっている。また配置区によっては雪対策として、前面窓を着雪しにくい旋回窓としているなど、導入時期や配置箇所、さらに種車の違いによりさまざまな形態がある。

935形は、JR発足時点で使用されていた12両のうち9両がJR東海、3両がJR西日本に承継された。その後、JR東海の9両は1994年、JR西日本の3両は1989年にそれぞれ廃車された。

1976年11月　写真／梶山正文

936形

散水タンク車

国鉄

登場年 1967年
運用線区 東海道新幹線
最高運転速度 70km/h

東海道新幹線の営業運転が始まると、降雪・積雪による影響は想定の範囲内であったが、高速運転による雪の舞い上がりが想定外の大問題となった。線路上に積もった雪は列車の走行風で舞い上がり、床下機器に着雪する。この着雪は次第に大きくなり、気温が上昇することや、振動によって床下から落下する。その衝撃でバラストを跳ね上げ、列車の窓ガラスを割ったり沿線に被害を発生させたりした。

車両を使用した対策では、雪の舞い上がりを防止するため、1967年に931形ホッパ車を改造した936形散水タンク車が投入された。積雪したバラスト上に散水して、雪をザラメ状の「濡れ雪」にすることで舞い上がりを防止するものであった。

936形は3両編成で構成されており、936-1（写真）は20㎥の水タンクおよび制御室、936-101・102はそれぞれ30㎥の水タンク車となっており、912形ディーゼル機関車の牽引で散水が行われた。

散水による濡れ雪化は一定の効果が確認され、1968年からは沿線にスプリンクラーが設置された。スプリンクラー設置区間の延伸に伴い、936形は1975年度で使用が終了、1979年に廃車されている。

1975年12月　写真／梶山正文

937形

0・100番代　バラスト散布車

国鉄

登場年 1967年
運用線区 東海道新幹線
最高運転速度 70km/h

937形バラスト散布車は、938形とペアを組んで使用される車両として、1967年に登場した。ディーゼル発電機を搭載した0番代2両と、ディーゼル発電機未搭載の100番代9両が活躍した。なお937形は新製ではなく、在来線用のホキ300（新製時はホキ100）を標準軌化したものだ。

938形による道床更換作業では、作業現場から掻き出したバラストを選別し、再利用できるバラストのみを散布することから、補充用のバラストを搭載するホッパ車の同行が必要となる。937形は912形に牽引され、2両の0番代で9両の100番代を挟み、さらに935形救援車兼用緩急車を連結した12両編成で使用された。

937形の外観は、931形に似た無蓋のホッパ車だ。バラストの散布対象は、931形が自車の走行する線路に散布するのに対し、937形は隣接線路に散布するという違いがある。したがって931形は単線用のバラスト散布車、937形は複線用のバラスト散布車といえよう。

バラストの散布方法は、931形が車体下部散布用扉を開放して、バラスト自体の重さを利用するのに対し、937形はディーゼル発電機による散布となっている。

1975年2月　写真／梶山正文

938形

道床更換車

国鉄

登場年 1968年
運用線区 東海道新幹線
最高運転速度 70km/h

道床更換車938形は1967年に登場した。車両は国産ではなく、オーストリアの保線車両メーカーであるプラッサー&トイラー社製である。

道床更換車は、「バラストクリーナー」と呼ばれる場合もある。また938形はバラストの選別作業も行うため「走るバラスト工場」という表現も可能だ。ちなみにバラスト厚（まくらぎ下面から路盤までの厚さ）は、線型や構造物によって異なっており、200mm以上・250mm以上・300mm以上という基準がある。

938形導入以前の道床更換作業は、人力でバラストを掻き出して選別し、再度散布作業をするという流れで行われていた。人海戦術を採っても、一晩の作業は30m区間程度が限界であった。938形の導入により一晩あたりの作業延長は60m以上になり、作業効率は大幅に改善された。

作業工程はスクレーパーと呼ばれる掻き出し器を使用し、まくらぎ下のバラストを直接掻き出して選別。その後、使用できない粒状化したバラストは移送用コンベアで同行するホッパ車に移送、再使用可能なバラストのみを車体裾部分のホッパ装置から軌道に戻すという流れである。

1985年4月　写真／梶山正文

939形 0・50・100・200番代

ロングレール輸送更換車

国鉄　JR東海

登場年 1971年
運用線区 東海道新幹線
最高運転速度 110km/h

東海道新幹線の輸送量は、開業前の試算を大きく上回り、列車本数は右肩上がりに成長した。列車本数が増加すると、設備の疲弊は早まる。1971年度からは恒久施策として、開業時の50Tレールから60kgレールへの更換作業が始まった。

ロングレール更換基地は、東京〜新大阪間のほぼ中間となる浜松に設置された。レールは、在来線経由で50mレールを搬入し、基地内でこれを4本繋げて200mロングレールに加工、更換現場で取りおろし、現場でロングレール同士を溶接した。

939形は、200mロングレールを更換現場まで運搬するとともに、発生した古レールを回収し、浜松まで運搬する役割を持つ車両として1971年に登場した。

939形は、911形ディーゼル機関車に牽引されていた。レール輸送編成は、職用車として911形の次位に939-200を連結。レール輸送に関係する編成は、現場でレールの積み下ろしを担当する作業車である939-1（写真）、レールを搭載車両から作業車に中継する端末車939-50、レールを搭載する中間車939-100で構成された。

939形はJR東海に承継されたが、1994年に現行のLRA方式となり廃車された。

1975年7月22日　写真／星　晃

941形
救援車

国鉄
登場年 1964年
運用線区 東海道新幹線
最高運転速度 210km/h

941形救援車は、1964年に1000形A編成を改造して登場した。1000形A編成は1964年6月20日から21日にかけて、鴨宮から浜松工場に回送され、941形への改造工事が行われた。

941形への改造工事では、電気検測機器の撤去、客室内座席全撤去、パンタ観測ドームと座席の一部移設が行われた。

941形としての搭載機器は、941-1にチェーンブロック用レールが車両中央から後位出入台にかけての天井部分に設置され、ジャッキと作業用のボンベが運転台側に搭載された。また941-2は前位スペースを荷物だなとして、添乗者用座席は27席が準備されていた。

浜松工場での改造は2次にわたって行われており、1次改造は救援車として最低限の機能のみが付与され、1964年8月30日に911形に牽引されて鳥飼基地に回送された。その後の2次改造で、標識灯や静電アンテナなどが改造され、941形救援車として完成した。

941形は救援出動する事態には至らないまま、1975年に922形0番代とともに廃車された。こうして鴨宮モデル線時代に活躍した試験車両は姿を消した。

1976年3月　写真／梶山正文

942形
救援車

国鉄

登場年 1965年
運用線区 東海道新幹線
最高運転速度 70km/h

942形救援車は、1965年に2両が日立製作所で製造された。941形と同じ「救援車」であるが、941形が電車であるのに対し、942形は台車間を低床化した車両になっている。形状は、在来線用の大物車であるシム1形のようになっている。実際の救援では、この低床部分にトラッククレーンを搭載して運用されていた。

新幹線が開業する前後のころ、在来線では脱線事故の復旧に「操重車」が使用されていた。この操重作業では、クレーンをあらかじめ搭載した車両を出動させて、線路上の支障物を撤去していた。

942形に搭載するためのトラッククレーンは、三菱ふそう社製の扱重27.5t車だった。942形への搭載は車端部から行う方法で、車両には軽金属製の渡り板が搭載されていた。クレーン車による作業は、本来であれば車両に設置したアウトリガを展開させてバランスを確保するが、このクレーン車にはアウトリガは確認できない。942形側から緊締することで、作業時のバランスを確保していたと思われる。

新幹線では救援車を必要とする大きな事故はなかった。942形も出動することはなく、2両ともに1986年に廃車されている。

保守用車あれこれ

車籍がなく、機械として扱われる保守用車だが、その形態は様々だ。ここでは、それぞれの役割がどのようなものか簡単に紹介する。

解説／仲井裕一（新幹線EX編集部）

写真／富田松雄

確認車

深夜に行われる保守作業終了後から始発列車までの間に走行し、軌道内への機材の置き忘れや異常がないかを確認する保守用車。

軌道モータカー

おもに資材を積載したトロをけん引する際に使用される。クレーンを搭載しているものや除雪用など、様々な形態がある。

写真／高野洋一

マルチプルタイタンパー

車体の中央にあるタンピングユニットでバラストをつき固め、バラスト間の隙間をなくし、軌道のゆがみを修正する保守用車。

写真／高野洋一

道床安定作業車

おもにマルチプルタイタンパーによる作業後に走行し、軌道に振動を与えて、線路状態を安定させる保守用車。

写真／高野洋一

ロングレール輸送車

ロングレールを運ぶ保守用車。写真はJR東海のもので、150mレールを最大32本積載し、編成の両端からレールを積み下ろしできる。

写真／富田松雄

レール削正車

列車走行によりレール表面に発生する微細な凹凸を取り除き、傷を防ぐ。床下に搭載された砥石をレールに押し当てながら走行する。

写真／富田松雄

レール探傷車

レールの内部や表面に発生した傷を、超音波を用いて探し出す保守用車。同時に軌道内側の脱線防止ガードの検査も可能。

写真／高野洋一

新方式道床更換用保守用車

バラスト更換の専用車。古いバラストを掻き出して編成後部に積み、新しいバラストを先頭部から軌道に散布する。

写真／富田松雄

作業車（タワーワゴン）

昇降式の作業台が搭載された作業車。架線の張替え作業時に延線車とともに稼働するほか、架線の点検時にも使われる。

写真／高野洋一

架線延線車（ストレッチワゴン）

タワーワゴンとともに、架線の張替え作業を行う。ドラムから新しい架線を繰り出す、古い架線を巻き取るといった機能をもつ。

写真／高野洋一

トンネル覆工撮影車

トンネルの内部を撮影するための保守用車。データをPCで解析し、ひび割れがないかを確認する。写真はJR東海のもの。

のりものグラフィック

新幹線歴代車両 ハンドブック

2024年1月10日発行

解説(特記以外) **富田松雄**

発行人 **山手章弘**

編集長 **上野弘介**

編集・進行 **仲井裕一**

デザイン **木澤誠二(イカロス出版第1制作室)・大坪よしみ**

印刷進行 **齊藤康弘**

出版営業部
岩織康子・國井耕太郎・右田俊貴・卯都木聖子・吉成 光

発行所
イカロス出版株式会社
〒101-0051
東京都千代田区神田神保町1-105
TEL 03-6837-4661(出版営業部)
Mail shinkansen@ikaros.co.jp

編集部へのお問い合せはメールにてお願いします。
電話ではお受けしておりません。

印刷所 日経印刷株式会社
Printed in Japan

表紙写真
・1000形：**星 晃**
・911形：**渡邉健志**
・955形：**高野洋一**
・5000形：**磯兼雄一郎**
・E6系：**編集部**

裏表紙写真 **編集部**